Mario Vallorani

DERIVABILITÀ, DIAGRAMMI E FORMULA DI TAYLOR

ANALISI MATEMATICA A PORTATA DI CLIC

a Rebecca

Indice

Introduzione

Questo libro fa parte della collana "Analisi matematica a portata di clic" costituita dai seguenti volumi:

- **Funzioni reali di una variabile reale**

- **Limiti e continuità**

- **Derivabilità, diagrammi e formula di Taylor**

- **Integrazione di funzioni reali di una variabile reale**

- **Successioni e serie numeriche**

La caratteristica di questi libri è di esporre i concetti senza fare un grande uso di simboli. Sono infatti convinto che la difficoltà che la maggior parte degli Studenti del primo anno incontra, sta nel fatto che non riesce a recepire i concetti espressi per mezzo di formule, non avendo ancora sufficiente dimestichezza con tale tipo di linguaggio.

Nella loro redazione ho consultato molti testi di analisi matematica in uso presso le nostre Università dai quali ho anche colto lo spunto per qualche dimostrazione ed ho preso qualche esempio particolarmente calzante.

Tali libri, nel loro complesso, coprono abbondantemente il programma di Analisi Matematica 1 delle nostre università e, da quando sono stati pubblicati, hanno aiutato tanti "Studenti in difficoltà" a superare il suddetto esame. Mi auguro che, ora che sono "a portata di clic", ne aiutino un numero sempre maggiore.

$$* \quad * \quad *$$

Il libro è suddiviso in due capitoli.

Nel capitolo 1 viene illustrata l'operazione di derivazione e dato uno schema orientativo di come disegnare il diagramma cartesiano di una funzione.

Nel capitolo 2 viene data la Formula di Taylor, della quale vengono illustrati gli usi.

Alla fine di ogni capitolo vi sono degli esercizi proposti, alcuni dei quali sono risolti per dare allo Studente un modello di risoluzione; di quelli non risolti, vengono date le soluzioni. È importante che lo Studente provi a risolverli, perché gli esercizi sono stati scelti in modo da costituire un *test di autovalutazione* della comprensione dei concetti trattati.

A chi non sa "da che parte iniziare", consigliamo di rileggere con maggiore attenzione la teoria contenuta nel capitolo corrispondente.

Ringrazio il professor Andrea Cittadini Bellini per aver curato la grafica del libro e l'ingegner Tomassino Pasqualini per averlo informatizzato.

L'autore

Capitolo 1

Operazione di derivazione

Nel libro "Limiti e continuitá" abbiamo visto che l'esistenza di alcune proprietà delle funzioni è constatabile con l'*operazione di limite*; la loro conoscenza tuttavia non è sufficiente per disegnare il diagramma (qualitativo) di una funzione; per fare ciò occorre conoscere altre proprietà. L'esistenza di quest'ultime può essere rivelata mediante un'altra operazione che prende il nome di *operazione di derivazione*.

In questo capitolo vogliamo:

1. illustrare tale operazione

2. dare uno schema orientativo di come disegnare il diagramma di una funzione

1.1   Operazione di derivazione

Per fare in modo che lo Studente noti bene le analogie e le differenze che vi sono tra l'operazione di derivazione e quella di limite, poniamoci gli stessi obiettivi:

1. su chi si effettua

2. in che cosa consiste

3. quando ha senso effettuarla

4. quali possono essere i risultati

5. perché si fa

6. come si esegue nella pratica

Anche qui, andiamo in ordine nelle nostre risposte!

1. L'operazione di derivazione si effettua sulle funzioni. Supponiamo allora di avere una funzione:

$$f : \ y = f(x) \quad , \quad x \in A \subseteq \mathbb{R} \subset \widetilde{\mathbb{R}}$$

2. L'operazione di derivazione consiste nel fare tre cose:

   (a) nel fissare un punto $x_0 \in A$ (dominio)

   (b) nel costruire la funzione

   $$R : y = R(x) = \frac{f(x) - f(x_0)}{x - x_0} \ , \quad x \in A' = A - \{x_0\}$$

   che prende il nome di *funzione rapporto incrementale* relativa al punto x_0 fissato

   (c) nell'effettuare l'operazione di limite

   $$\lim_{x \to x_0} R(x) = \lim_{x \to x_0} \frac{f(x) - f(x_0)}{x - x_0}$$

3. L'operazione di derivazione ha senso se il punto di x_0 fissato è punto d'accumulazione per A'; lo è se, oltre ad appartenere ad A, è punto di accumulazione per esso. Se x_0 fosse infatti punto isolato di A, sarebbe punto esterno per A' e quindi l'operazione di limite non avrebbe senso.

4. I risultati dell'operazione di derivazione si hanno dopo aver effettuato l'operazione di

   $$\lim_{x \to x_0} R(x)$$

Può accadere che

$$\lim_{x \to x_0} R(x) = \lim_{x \to x_0} \frac{f(x) - f(x_0)}{x - x_0} = \begin{cases} l \in \mathbb{R} \\ +\infty \\ -\infty \\ non \ esiste \end{cases}$$

Se il limite è un *numero l*, allora si dice che f è *derivabile* in x_0 ed anche che x_0 è *punto di derivabilitá* di f.

Il valore l del limite si chiama *derivata* della funzione nel punto x_0 e si denota con il simbolo $f'(x_0)$. Negli altri tre casi si dice che f *non è derivabile* in x_0.

Se f è derivabile in ogni punto del suo dominio, si dice che è una *funzione derivabile* ed a partire da essa, si costruisce un'altra funzione che prende il nome di *funzione derivata* (o derivata prima) di f. Quest'ultima è cosí fatta:

– il *dominio* è A

– la *legge d'associazione*, che si denota con f', consiste nel dare come immagine ad ogni punto $x \in A$ il valore $f'(x)$ della derivata in tale punto; in simboli:

$$f' : y = f'(x) \quad , \quad x \in A \subseteq \mathbb{R} \subset \widetilde{\mathbb{R}}$$

Prima di terminare con i nostri obiettivi, diamo alcuni esempi per fissare bene l'operazione introdotta:

Esempio 1.1

$$f : y = f(x) = c(costante) \quad , \quad x \in A = (-\infty, +\infty)$$

Poiché ogni punto di A è di accumulazione per esso, denotando con x_0 il generico punto di A, pensato come fisso, ed effettuando l'operazione di limite sulla funzione rapporto incrementale, relativa al punto x_0, si ha:

$$\lim_{x \to x_0} \frac{f(x) - f(x_0)}{x - x_0} = \lim_{x \to x_0} \frac{c - c}{x - x_0} = \lim_{x \to x_0} 0 = 0 = f'(x_0)$$

Possiamo allora concludere:

– la funzione costante *(qualunque sia il valore della costante)* è derivabile in ogni punto del suo dominio e pertanto è derivabile; la sua
funzione derivata è:

$$f' : \; y = f'(x) = 0 \quad , \quad x \in A = (-\infty, +\infty)$$

Esempio 1.2

$$f : \; y = f(x) = x \quad , \quad x \in A = (-\infty, +\infty)$$

Si ha

$$\lim_{x \to x_0} \frac{f(x) - f(x_0)}{x - x_0} = \lim_{x \to x_0} \frac{x - x_0}{x - x_0} = \lim_{x \to x_0} 1 = 1 = f'(x_0)$$

*Anche qui possiamo concludere come nell'esempio precedente. La
funzione derivata è:*

$$f' : y = f'(x) = 1 \quad , \quad x \in A = (-\infty, +\infty)$$

Esempio 1.3

$$f : y = f(x) = \sin x \quad , \quad x \in A = (-\infty, +\infty)$$

Si ha:

$$\lim_{x \to x_0} \frac{f(x_0) - f(x)}{x - x_0} = \lim_{x \to x_0} \frac{\sin x - \sin x_0}{x - x_0} =$$

$$= \lim_{x \to x_0} \frac{2 \cdot \sin \frac{x - x_0}{2} \cdot \cos \frac{x + x_0}{2}}{x - x_0} =$$

$$= \lim_{x \to x_0} \left(\frac{\sin \frac{x - x_0}{2}}{\frac{x - x_0}{2}} \cdot \cos \frac{x + x_0}{2} \right) =$$

$$= 1 \cdot \cos x_0 = \cos x_0 = f'(x_0) \quad ^1$$

*Anche qui, come negli esempi precedenti, la funzione è derivabile in
ogni punto del suo dominio, quindi è derivabile; si verifica peró un fatto
nuovo: il valore della derivata non è lo stesso in ogni punto.*
La funzione derivata è

$$f' : y = f'(x) = \cos x \quad , \quad x \in A = (-\infty, +\infty)$$

_____

[1]Per effettuare l'operazione di limite è stato necessario trovare un'altra rappresentazione della legge d'associazione della funzione rapporto incrementale:

Abbiamo finora considerato esempi di funzioni derivabili; prima di continuare, soffermiamoci ad esaminare il caso di una funzione che non sia derivabile per la presenza di qualche punto nel suo dominio in cui non lo è. Tale esame ci porterà alle definizioni di *derivata sinistra* e *derivata destra*.

1.2   Derivata sinistra e derivata destra

Data una funzione

$$f : y = f(x)   ,   x \in A \subseteq \mathbb{R} \subset \tilde{\mathbb{R}}$$

sia x_0 un punto interno ad A.

Se non esiste

$$\lim_{x \to x_0} \frac{f(x) - f(x_0)}{x - x_0},$$

però esistono *finiti* il *limite sinistro* ed il *limite destro* (naturalmente distinti tra loro), essi si chiamano rispettivamente *derivata sinistra* e *derivata destra* di f nel punto x_0 e si denotano con i simboli $f'_-(x_0)$ e $f'_+(x_0)$.

Chiariamo le definizioni date con un esempio.

Esempio 1.4 *Consideriamo la funzione*

$$f : y = f(x) = |x| ,   x \in A = (-\infty, +\infty)$$

e vediamo se è derivabile nel punto $x_0 = 0$.

Si ha

$$\lim_{x \to 0} \frac{f(x) - f(0)}{x - 0} = \lim_{x \to 0} \frac{|x| - |0|}{x - 0} = \lim_{x \to 0} \frac{|x|}{x}$$

$R(x) = \frac{\sin x - \sin x_0}{x - x_0}$, perché, per la continuità della funzione *seno*, si ha la forma indeterminata $\frac{0}{0}$. La rappresentazione che ci ha permesso di arrivare alla conclusione è stata costruita tenendo presente la formula di prostaferesi

$$\sin p - \sin q = 2 \cdot \sin \frac{p - q}{2} \cdot \cos \frac{p + q}{2}.$$

Vedere il libro "Funzioni reali di una variabile reale", paragrafo 3.12.

Tale limite non esiste, però esistono finiti i due limiti sinistro e destro e valgono rispettivamente -1 e +1.
Possiamo allora concludere:

– *la funzione data non è derivabile nel punto $x_0 = 0$; essa tuttavia possiede in tale punto la derivata sinistra e destra e valgono rispettivamente -1 e +1:*

$$f'_-(x_0) = -1 \quad e \; f'_+(x_0) = 1$$

Siccome tale funzione è continua nel punto $x_0 = 0$, possiamo trarre una conclusione di carattere generale circa la relazione che intercorre tra continuità e derivabilità di una funzione in un punto:

– se una funzione f è *continua* in un punto x_0 del suo dominio *non è detto* che sia ivi *derivabile*; in simboli:

$$\text{continuità} \not\Rightarrow \text{derivabilità}$$

Vale il viceversa? Cioè se f è *derivabile* in un punto x_0 del suo dominio è ivi *continua*?

Andiamo a vedere!
Se f è derivabile in x_0, si ha

$$\lim_{x \to x_0} \frac{f(x) - f(x_0)}{x - x_0} = f'(x_0) \Leftrightarrow \lim_{x \to x_0} \left[\frac{f(x) - f(x_0)}{x - x_0} - f'(x_0) \right] = 0$$

Denotiamo con ω la funzione su cui abbiamo effettuato l'ultima operazione di limite; essa ha per *dominio* $A' = A - \{x_0\}$ ed è *infinitesima* per $x \to x_0$:

$$\omega : y = \omega(x) = \frac{f(x) - f(x_0)}{x - x_0} - f'(x_0) \quad , \quad x \in A' = A - \{x_0\} \quad (1.1)$$

La (1.1) ci permette di rappresentare la *restrizione* di f di *dominio* A' per mezzo di ω; si ha:

$$f : y = f(x) = f(x_0) + [f'(x_0) + \omega(x)] \cdot (x - x_0) \quad , \quad x \in A' \quad (1.2)$$

Se facciamo l'operazione di limite per $x \to x_0$ sulla f, utilizzando la rappresentazione (1.2), constatiamo che:

$$\lim_{x \to x_0} f(x) = \lim_{x \to x_0} \{ f(x_0) + [f'(x_0) + \underset{\downarrow}{\omega(x)}] \cdot \underset{\downarrow}{(x - x_0)} \} =$$
$$\phantom{\lim_{x \to x_0} f(x) = \lim} 0 0$$
$$= f(x_0) + [f'(x_0) + 0] \cdot 0 = f(x_0)$$

e quindi f è continua in x_0.

   Concludendo:

 – se una funzione f è *derivabile* in un punto x_0 del suo dominio allora è anche continua in esso

Le due ultime *conclusioni* a cui siamo giunti possono essere cosí riassunte:

 – la derivabilità è una *condizione sufficiente* (però *non necessaria*) di continuità

Poiché la continuità ha un significato geometrico e la derivabilità implica la continuità, viene naturale chiedersi se anche la derivabilità ne abbia uno.

   Andiamo a vedere!

1.3   Significato geometrico della derivata

Consideriamo la funzione rapporto incrementale relativa al punto $x_0 \in A$:

$$R : \ y = R(x) = \frac{f(x) - f(x_0)}{x - x_0} \quad , \quad x \in A' = A - \{x_0\}$$

e fissiamo un punto $\overline{x} \in A'$.

   La sua immagine $R(\overline{x}) = \frac{f(\overline{x}) - f(x_0)}{\overline{x} - x_0}$ ha il seguente significato geometrico: rappresenta il *coefficiente angolare* della retta s determinata dai punti $P_0(x_0, f(x_0))$ e $\overline{P}(\overline{x}, f(\overline{x}))$.

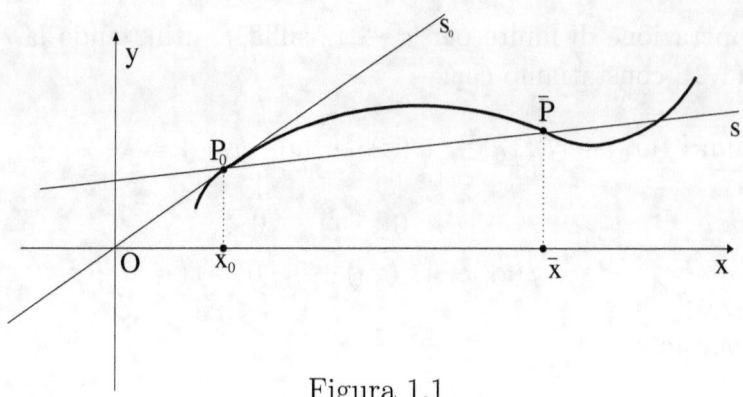

Figura 1.1

Tale retta è detta *retta secante* il diagramma della f e la sua equazione è:

$$y - f(x_0) = \frac{f(\overline{x}) - f(x_0)}{\overline{x} - x_0} \cdot (x - x_0) \qquad (1.3)$$

Al variare del punto $\overline{x} \in A'$, varia il punto $\overline{P}(\overline{x}, f(\overline{x}))$ e quindi abbiamo una retta secante in generale diversa sempre però appartenente al fascio di rette di centro $P_0(x_0, f(x_0))$.

Disegnamo ora la retta s_0 passante anche essa per il punto $P_0(x_0, f(x_0))$ e di coefficiente angolare $f'(x_0)$. La sua equazione è:

$$y - f(x_0) = f'(x_0) \cdot (x - x_0) \qquad (1.4)$$

Poiché le rette s e s_0 passano entrambe per il punto $P_0(x_0, f(x_0))$ e per $\overline{x} \to x_0$ il *coefficiente angolare* della retta s ha per limite il *coefficiente angolare* della retta s_0, possiamo dire che per $\overline{x} \to x_0$ la retta secante s ha come *posizione limite* la retta s_0.

Questa considerazione di carattere intuitivo suggerisce di chiamare la retta s_0, *retta tangente* al diagramma di f nel punto $P_0(x_0, f(x_0))$.

Concludendo, possiamo allora dire:

– la derivabilità di f, in un punto x_0 del suo dominio, permette di *definire* la *retta tangente* al diagramma di f nel punto $P_0(x_0, f(x_0))$ e la derivata $f'(x_0)$ ne è il *coefficiente angolare*.

Ci chiediamo ora:

Se f *non è derivabile* nel punto x_0 del suo dominio, supposto che sia ivi continua, è possibile definire la retta tangente al diagramma nel punto $P_0(x_0, f(x_0))$?

La non derivabilità di f in x_0 può avvenire per due ragioni:

o perché $\quad \lim\limits_{\overline{x} \to x_0} \frac{f(\overline{x}) - f(x_0)}{\overline{x} - x_0} = \pm\infty$

o perché $\quad \lim\limits_{\overline{x} \to x_0} \frac{f(\overline{x}) - f(x_0)}{\overline{x} - x_0}$ *non esiste.*

Se f non è derivabile per la prima ragione, basta scrivere l'equazione (1.3) della retta s cosí:

$$\frac{1}{\frac{f(\overline{x}) - f(x_0)}{\overline{x} - x_0}} \cdot [y - f(x_0)] = x - x_0 \tag{1.5}$$

per rendersi conto che la retta secante s ha come posizione limite per $\overline{x} \to x_0$ la retta d'equazione

$$x - x_0 = 0. \tag{1.6}$$

In questo caso quindi, sebbene f non sia derivabile in x_0, è possibile tuttavia definire la retta tangente al diagramma della f nel punto $P_0(x_0, f(x_0))$ ed essa è la parallela all'asse delle y.

Chiariamo questa situazione con un esempio.

Esempio 1.5

$$f : y = f(x) = x^{\frac{1}{3}} \quad , \quad x \in A = (-\infty, +\infty);$$

f non è derivabile nel punto $x_0 = 0$ perchè

$$\lim\limits_{x \to 0} \frac{f(x) - f(0)}{x - 0} = \lim\limits_{x \to 0} \frac{x^{\frac{1}{3}} - 0}{x - 0} = \lim\limits_{x \to 0} x^{\frac{1}{3} - 1} =$$

$$= \lim\limits_{x \to 0} x^{-\frac{2}{3}} = \lim\limits_{x \to 0} \frac{1}{\sqrt[3]{x^2}} = +\infty$$

La retta tangente al diagramma di f nel punto $P_0(0, f(0))$ è l'asse delle y.

Se f non è derivabile per la seconda ragione, siccome non esiste il $\lim\limits_{\overline{x}\to x_0} \frac{f(\overline{x})-f(x_0)}{\overline{x}-x_0}$, la retta secante non ha una posizione limite e pertanto non è possibile definire la retta tangente al diagramma nel punto $P_0(x_0, f(x_0))$. Se esistono tuttavia

$$\lim_{\overline{x}\to x_0^-} \frac{f(\overline{x})-f(x_0)}{\overline{x}-x_0} \qquad e \qquad \lim_{\overline{x}\to x_0^+} \frac{f(\overline{x})-f(x_0)}{\overline{x}-x_0} \qquad (1.7)$$

finiti o *infiniti*, è facile convincersi che in questo caso si possono definire la *retta tangente sinistra* e la *retta tangente destra* al diagramma nel punto $P_0(x_0, f(x_0))$. La prima è la posizione limite delle rette secanti il diagramma quando $\overline{x} \to x_0^-$ e la seconda quando $\overline{x} \to x_0^+$.

Se i due limiti (1.7) sono entrambi *finiti*, se cioè esistono in x_0 la *derivata sinistra* e *destra*: $f'_-(x_0)$ e $f'_+(x_0^+)$ le equazioni delle due rette tangenti sono:

$$y - f(x_0) = f'_-(x_0) \cdot (x - x_0)$$

e

$$y - f(x_0) = f'_+(x_0) \cdot (x - x_0)$$

e sicuramente queste ultime sono distinte tra loro essendo distinti i loro coefficienti angolari:

$$f'_-(x_0) \neq f'_+(x_0).$$

Se i due limiti (1.7) sono entrambi *infiniti* (naturalmente uno varrà $-\infty$ e l'altro $+\infty$), dall'equazione (1.5) segue che le due rette tangenti hanno la stessa equazione: $x - x_0 = 0$ e pertanto sono sovrapposte.

In quest'ultimo caso si dice che x_0 è *punto di cuspide* mentre nel caso che le due rette tangenti sono distinte si dice che x_0 è *punto angoloso*.

Chiariamo queste situazioni con due esempi.

Esempio 1.6

$$f : y = f(x) = x^{\frac{2}{3}} \quad , \quad x \in A = (-\infty, +\infty);$$

il punto $x_0 = 0$ *è un* punto di cuspide *perché:*

$$\lim_{x\to 0^-} \frac{f(x) - f(0)}{x - 0} = \lim_{x\to 0^-} \frac{x^{\frac{2}{3}}}{x} = \lim_{x\to 0^-} \frac{1}{x^{1-\frac{2}{3}}} = \lim_{x\to 0^-} \frac{1}{\sqrt[3]{x}} = -\infty$$

e

$$\lim_{x \to 0^+} \frac{f(x) - f(0)}{x - 0} = \lim_{x \to 0^+} \frac{x^{\frac{2}{3}}}{x} = \lim_{x \to 0^+} \frac{1}{x^{1-\frac{2}{3}}} = \lim_{x \to 0^+} \frac{1}{\sqrt[3]{x}} = +\infty;$$

le due rette tangenti sono pertanto sovrapposte ed hanno equazione $x = 0$.

Esempio 1.7

$$f : y = f(x) = |x| \quad , \quad x \in A = (-\infty, +\infty);$$

ricordando quanto abbiamo detto nell'esempio 1.4, concludiamo che il punto $x_0 = 0$ è un punto angoloso; le due rette tangenti hanno equazioni:

$$y = -x \quad e \quad y = +x.$$

Non si deve naturalmente pensare che se in un punto $P_0(x_0, f(x_0))$ del diagramma di una funzione f *non esiste la retta tangente*, esistono sicuramente le *tangenti sinistra* e *destra*.

Per convincerci di ciò, basti pensare al punto $P_0(0, f(0))$ del diagramma della funzione:

$$f : y = f(x) = \begin{cases} x \cdot \sin \frac{1}{x} & , x \neq 0 \\ 0 & , x = 0 \end{cases}$$

Lo sviluppo di questo esempio viene lasciato allo Studente.

Passiamo ora a vedere un'altra interpretazione della derivata.

1.4 Interpretazione cinematica della derivata

L'interpretazione geometrica della derivata non è l'unica interpretazione possibile di essa. Diamone un'altra!

Un punto materiale P si muove su una retta su cui sia stato fissato un sistema di coordinate cartesiane.

In ogni istante di tempo t, P si trova in una determinata posizione di ascissa s; siccome s dipende da t, possiamo dire che il movimento P determina una funzione f:

$$f : s = f(t), \qquad t \in [0, +\infty)$$

che si chiama *legge del moto* di P.

Studiare il moto di P significa appunto scoprire la sua legge del moto.

Consideriamo ora due istanti t_0 e t_1 con t_1 successivo a t_0; nell'intervallo di tempo $[t_0, t_1]$, il punto P passa dalla posizione di ascissa $f(t_0)$ a quella di ascissa $f(t_1)$ cosicché lo spazio (con segno) percorso in tale intervallo di tempo è $f(t_1) - f(t_0)$.

Il rapporto $\frac{f(t_1)-f(t_0)}{t_1-t_0}$ ci dice quanto spazio (con segno) il punto ha percorso *in media* in un secondo durante l'intervallo di tempo $[t_0, t_1]$; esso misura la "rapidità" del movimento durante tale intervallo e prende il nome di *velocità scalare media* relativa all'intervallo di tempo $[t_0, t_1]$.

Se vogliamo farci un'idea della "rapidità" del movimento di P nell'istante t_0, calcoliamo la *velocità scalare media* relativa all'intervallo di tempo $[t_0, t_2]$ "più piccolo" del precedente e poi la *velocità scalare media* relativa all'intervallo di tempo $[t_0, t_3]$ ancora "più piccolo" e cosí via.

Sorge allora l'idea di misurare la "rapidità" del movimento del punto P nell'istante t_0 con il valore del limite per $t \to t_0$ della *velocità scalare media* relativa all'intervallo di tempo $[t_0, t]$ cioè con $f'(t_0)$. Si pone quindi la seguente definizione:

Definizione di velocità scalare istantanea
Si chiama *velocità scalare istantanea* del punto P nell'istante t_0, la derivata $f'(t_0)$ della legge del moto.

Se la funzione f che stiamo derivando, invece di descrivere il movimento di un punto materiale descrivesse un altro fenomeno (fisico, economico, ecc ...) al variare del tempo, la sua derivata $f'(t_0)$ rappresenterebbe la "rapidità" con la quale varia nell'istante t_0 "l'entità" (fisica, economica, ecc...) descritta dalla funzione f.

Per prendere mano con l'operazione di derivazione diamo altri tre esempi di funzioni derivabili.

1.5 Altri esempi di funzioni derivabili

I) Sia

$$f : \ y = f(x) = \cos x \quad , \quad x \in A = (-\infty, +\infty)$$

Si ha:

$$\lim_{x \to x_0} \frac{f(x) - f(x_0)}{x - x_0} = \lim_{x \to x_0} \frac{\cos x - \cos x_0}{x - x_0} =$$

$$= \lim_{x \to x_0} \frac{-2 \cdot \sin \frac{x - x_0}{2} \cdot \sin \frac{x + x_0}{2}}{x - x_0} =$$

$$= \lim_{x \to x_0} \left(-\frac{\sin \frac{x - x_0}{2}}{\frac{x - x_0}{2}} \cdot \sin \frac{x + x_0}{2} \right) =$$

$$= -1 \cdot \sin x_0 = -\sin x_0 = f'(x_0)$$

Possiamo concludere allora che tale funzione è derivabile e la funzione derivata è:

$$f' : \ y = f'(x) = -\sin x \quad , \quad x \in A = (-\infty, +\infty)$$

II) Sia

$$f : \ y = f(x) = \log_b x \ , \ x \in A = (0, +\infty) \quad con \ b > 0 \ e \ b \neq 1$$

Si ha:

$$\lim_{x \to x_0} \frac{f(x) - f(x_0)}{x - x_0} = \lim_{x \to x_0} \frac{\log_b x - \log_b x_0}{x - x_0} =$$

$$= \lim_{x \to x_0} \left(\frac{1}{x - x_0} \cdot \log_b \frac{x}{x_0} \right) = \lim_{x \to x_0} \log_b \left(\frac{x}{x_0} \right)^{\frac{1}{x - x_0}} =$$

ponendo $\dfrac{1}{x - x_0} = t$

si ha che per $x \to x_0^{\pm} \Rightarrow t \to \pm\infty$

$$= \lim_{t \to \pm\infty} \log_b \left(\frac{x_0 + \frac{1}{t}}{x_0} \right)^{t} = \lim_{t \to \pm\infty} \log_b \left(1 + \frac{\frac{1}{x_0}}{t} \right)^{t} =$$

$$= \log_b e^{\frac{1}{x_0}} = \frac{1}{x_0} \cdot \log_b e = f'(x_0)$$

Anche questa funzione è derivabile e la funzione derivata è:

$$f' : \; y = f'(x) = \frac{1}{x} \cdot \log_b e \quad , \quad x \in A = (0, +\infty);$$

in particolare, se si tratta del logaritmo naturale (b = e, numero di Nepero), si ha:

$$f' : \; y = f'(x) = \frac{1}{x} \quad , \quad x \in A = (0, +\infty)$$

III) Sia

$$f : \; y = f(x) = \tan x \quad , \quad x \in A = \left\{ x \in \mathbb{R} : x \neq \frac{\pi}{2} + k\pi \right\}$$

Si ha:

$$\lim_{x \to x_0} \frac{f(x) - f(x_0)}{x - x_0} = \lim_{x \to x_0} \frac{\tan x - \tan x_0}{x - x_0} = \lim_{x \to x_0} \frac{\frac{\sin x}{\cos x} - \frac{\sin x_0}{\cos x_0}}{x - x_0} =$$

$$= \lim_{x \to x_0} \frac{\sin x \cdot \cos x_0 - \cos x \cdot \sin x_0}{(x - x_0) \cdot \cos x \cdot \cos x_0} = \lim_{x \to x_0} \frac{\sin(x - x_0)}{(x - x_0) \cdot \cos x \cdot \cos x_0} =$$

$$= \lim_{x \to x_0} \left(\frac{\sin(x - x_0)}{x - x_0} \cdot \frac{1}{\cos x \cdot \cos x_0} \right) = 1 \cdot \frac{1}{\cos^2 x_0} = \frac{1}{\cos^2 x_0} = f'(x_0)$$

La funzione tangente è quindi derivabile *e la funzione derivata è:*

$$f' : \; y = f'(x) = \frac{1}{\cos^2 x} \quad , \quad x \in A = \left\{ x \in \mathbb{R} : x \neq \frac{\pi}{2} + k\pi \right\}.$$

Gli esempi esaminati ci lasciano la convinzione che l'uso della definizione, per vedere se una funzione è derivabile oppure no in un assegnato punto x_0 del suo dominio, può risultare molto difficile o per lo meno laborioso; per la continuità della f nel punto x_0 infatti, qualunque sia la funzione f considerata, si ha:

$$\lim_{x \to x_0} \frac{f(x) - f(x_0)}{x - x_0} = \frac{0}{0}$$

e quindi ci troviamo davanti al *caso di indecidibilitá* (o forma indeterminata) $\frac{0}{0}$.

Si pone allora il problema di vedere se si può operare in modo più spedito.

Cominciamo intanto con l'enunciare alcuni teoremi noti con il nome di *regole di derivazione.*

1.6   Regole di derivazione

Enunciamo ora sei teoremi, noti come *regole di derivazione.*

Teorema 1.1 *Se la funzione f è derivabile e c è un qualunque numero reale, anche la funzione $F = c \cdot f$ è derivabile e risulta:*

$$F' = (c \cdot f)' = c \cdot f' \tag{1.8}$$

Dimostrazione

Applicando la definizione di derivata, si ha:

$$\lim_{x \to x_0} \frac{F(x) - F(x_0)}{x - x_0} = \lim_{x \to x_0} \frac{c \cdot f(x) - c \cdot f(x_0)}{x - x_0} = \lim_{x \to x_0} \frac{c \cdot [f(x) - f(x_0)]}{x - x_0} =$$

$$= c \cdot \lim_{x \to x_0} \frac{f(x) - f(x_0)}{x - x_0} = c \cdot f'(x_0) = F'(x_0) \qquad\qquad \textbf{c.v.d.}$$

Teorema 1.2 *Se f e g sono due funzioni* derivabili *ed aventi lo stesso dominio A, anche la funzione f + g è* derivabile *e risulta:*

$$(f + g)' = f' + g' \qquad\qquad (1.9)$$

Dimostrazione

Applicando la definizione di derivata, si ha:

$$\lim_{x \to x_0} \frac{(f + g)(x) - (f + g)(x_0)}{x - x_0} =$$

$$= \lim_{x \to x_0} \frac{[f(x) + g(x)] - [f(x_0) + g(x_0)]}{x - x_0} =$$

$$= \lim_{x \to x_0} \frac{[f(x) - f(x_0)] + [g(x) - g(x_0)]}{x - x_0} =$$

$$= \lim_{x \to x_0} \left(\frac{f(x) - f(x_0)}{x - x_0} + \frac{g(x) - g(x_0)}{x - x_0} \right) =$$

$$= f'(x_0) + g'(x_0) = (f + g)'(x_0) \qquad\qquad \textbf{c.v.d.}$$

Teorema 1.3 *Se f e g sono due funzioni* derivabili *ed aventi lo stesso dominio A, anche la funzione f · g è* derivabile *e risulta:*

$$(f \cdot g)' = f' \cdot g + f \cdot g' \quad {}^{2} \qquad\qquad (1.10)$$

---

[2]Ricordando che la derivata di una funzione costante vale zero in ogni punto del suo dominio, se una delle due funzioni f e g è costante, la (1.10) dà come caso particolare la (1.8).

Dimostrazione

Applicando la definizione di derivata, si ha:

$$\lim_{x \to x_0} \frac{(f \cdot g)(x) - (f \cdot g)(x_0)}{x - x_0} = \lim_{x \to x_0} \frac{f(x) \cdot g(x) - f(x_0) \cdot g(x_0)}{x - x_0} =$$

sottraendo e sommando al numeratore $f(x_0) \cdot g(x)$

$$= \lim_{x \to x_0} \frac{f(x) \cdot g(x) - f(x_0) \cdot g(x) + f(x_0) \cdot g(x) - f(x_0) \cdot g(x_0)}{x - x_0} =$$

$$= \lim_{x \to x_0} \frac{g(x) \cdot [f(x) - f(x_0)] + f(x_0) \cdot [g(x) - g(x_0)]}{x - x_0} =$$

$$= \lim_{x \to x_0} \left(g(x) \cdot \frac{f(x) - f(x_0)}{x - x_0} + f(x_0) \cdot \frac{g(x) - g(x_0)}{x - x_0} \right) =$$

$$= \lim_{x \to x_0} \left(\frac{f(x) - f(x_0)}{x - x_0} \cdot g(x) + f(x_0) \cdot \frac{g(x) - g(x_0)}{x - x_0} \right) =$$

$$= f'(x_0) \cdot g(x_0) + f(x_0) \cdot g'(x_0)$$

Infatti per $x \to x_0$ si ha:

$$\frac{f(x) - f(x_0)}{x - x_0} \to f'(x_0) \text{ per l'ipotesi di } \textit{derivabilità} \text{ di } f$$

$g(x) \to g(x_0)$ perché essendo g per ipotesi derivabile, essa è anche continua

$$\frac{g(x) - g(x_0)}{x - x_0} \to g'(x_0) \text{ per l'ipotesi di } \textit{derivabilità} \text{ di } g$$

c.v.d.

Da tale teorema segue il corollario:

Corollario 1.3.1 *Se f, g, h, sono tre funzioni* derivabili *ed aventi lo stesso dominio A, anche la funzione $f \cdot g \cdot h$ è* derivabile *e risulta:*

$$(f \cdot g \cdot h)' = f' \cdot g \cdot h + f \cdot g' \cdot h + f \cdot g \cdot h'$$

Dimostrazione

Applicando la proprietà associativa del prodotto e poi derivando, si ha:

$$(f \cdot g \cdot h)' = [(f \cdot g) \cdot h]' = (f \cdot g)' \cdot h + (f \cdot g) \cdot h' =$$

$$= (f' \cdot g + f \cdot g') \cdot h + (f \cdot g) \cdot h' = f' \cdot g \cdot h + f \cdot g' \cdot h + f \cdot g \cdot h'$$

c.v.d.

Teorema 1.4 *Se f e g sono due funzioni derivabili, aventi lo stesso dominio A e tali da poter costruire la funzione $\dfrac{f}{g}$* [3] *, anche quest'ultima è derivabile e risulta:*

$$\left(\frac{f}{g}\right)' = \frac{f' \cdot g - f \cdot g'}{g^2} \tag{1.11}$$

Dimostrazione

Applicando la definizione di derivata, si ha:

$$\lim_{x \to x_0} \frac{\left(\frac{f}{g}\right)(x) - \left(\frac{f}{g}\right)(x_0)}{x - x_0} = \lim_{x \to x_0} \frac{\frac{f(x)}{g(x)} - \frac{f(x_0)}{g(x_0)}}{x - x_0} =$$

$$= \lim_{x \to x_0} \frac{\frac{f(x) \cdot g(x_0) - f(x_0) \cdot g(x)}{g(x) \cdot g(x_0)}}{x - x_0} = \lim_{x \to x_0} \frac{f(x) \cdot g(x_0) - f(x_0) \cdot g(x)}{(x - x_0) \cdot g(x) \cdot g(x_0)} =$$

sottraendo e sommando al numeratore $f(x_0) \cdot g(x_0)$

$$= \lim_{x \to x_0} \frac{f(x) \cdot g(x_0) - f(x_0) \cdot g(x_0) + f(x_0) \cdot g(x_0) - f(x_0) \cdot g(x)}{(x - x_0) \cdot g(x) \cdot g(x_0)} =$$

$$= \lim_{x \to x_0} \frac{g(x_0) \cdot [f(x) - f(x_0)] - f(x_0) \cdot [g(x) - g(x_0)]}{(x - x_0) \cdot g(x) \cdot g(x_0)} =$$

---

[3]Ricordiamo che date due funzioni f e g, aventi lo stesso dominio A, per poter costruire la funzione $\frac{f}{g}$ occorre che risulti $g(x) \neq 0, \forall x \in A$.

Vedere il libro "Funzioni reali di una variabile reale", paragrafo 2.11.

$$= \lim_{x \to x_0} \left(\frac{1}{g(x) \cdot g(x_0)} \cdot \frac{[f(x) - f(x_0)] \cdot g(x_0) - f(x_0) \cdot [g(x) - g(x_0)]}{x - x_0} \right) =$$

$$= \lim_{x \to x_0} \left[\frac{1}{g(x) \cdot g(x_0)} \cdot \left(\frac{f(x) - f(x_0)}{x - x_0} \cdot g(x_0) - f(x_0) \cdot \frac{g(x) - g(x_0)}{x - x_0} \right) \right] =$$

$$= \frac{1}{[g(x_0)]^2} [f'(x_0) \cdot g(x_0) - f(x_0) \cdot g'(x_0)] =$$

$$= \frac{f'(x_0) \cdot g(x_0) - f(x_0) \cdot g'(x_0)}{[g(x_0)]^2}$$

Infatti per $x \to x_0$ si ha:

$g(x) \to g(x_0)$ perché essendo g per ipotesi derivabile, essa è anche continua

$$\frac{f(x) - f(x_0)}{x - x_0} \to f'(x_0) \text{ per l'ipotesi di } \textit{derivabilità} \text{ di } f$$

$$\frac{g(x) - g(x_0)}{x - x_0} \to g'(x_0) \text{ per l'ipotesi di } \textit{derivabilità} \text{ di } g$$

c.v.d.

Teorema 1.5 *Sia f una funzione* invertibile *e* continua *avente per dominio un* intervallo *I*.
Se:

    nel punto $x_0 \in I$ essa è derivabile con $f'(x_0) \neq 0$
allora

    la funzione inversa f^{-1} è derivabile *nel punto y_0 (immagine di x_0 secondo f) e risulta*

$$(f^{-1})'(y_0) = \frac{1}{f'(x_0)} \tag{1.12}$$

Dimostrazione
Poiché f è invertibile, esiste la funzione inversa

$$f^{-1} : x = f^{-1}(y) \quad , \quad y \in f(I) \qquad ;$$

quest'ultima è anche essa continua perché il dominio di f è un intervallo[4]
e quindi:

$$\text{se } \ y \to y_0 \Rightarrow f^{-1}(y) \to f^{-1}(y_0) \ \ ;$$

poiché è

$$f^{-1}(y) = x \quad \text{e} \quad f^{-1}(y_0) = x_0$$

possiamo concludere che se $\ y \to y_0 \Rightarrow x \to x_0$.

Ciò premesso, per dimostrare la (1.12), basta ricorrere alla definizione
di derivata:

$$\lim_{y \to y_0} \frac{f^{-1}(y) - f^{-1}(y_0)}{y - y_0} = \lim_{y \to y_0} \frac{x - x_0}{f(x) - f(x_0)} =$$

$$= \lim_{y \to y_0} \frac{1}{\frac{f(x) - f(x_0)}{x - x_0}} = \lim_{x \to x_0} \frac{1}{\frac{f(x) - f(x_0)}{x - x_0}} =$$

$$= \frac{1}{f'(x_0)} = (f^{-1})'(y_0).$$

c.v.d.

Teorema 1.6 *Date due funzioni*

$$f : u = f(x) \quad , \quad x \in A$$
$$g : y = g(u) \quad , \quad u \in B$$

con $f(A) = B$, consideriamo la funzione composta

$$g \circ f : y = (g \circ f)(x) = g[f(x)] \quad , \quad x \in A.$$

Se:

I) f *è derivabile in* $x_0 \in A$

---

[4]Non è certo che se una funzione *invertibile* f è *continua*, la sua inversa f^{-1} lo sia.
La continuità di f^{-1} è assicurata se il dominio della f è un intervallo. Per questa
ragione abbiamo supposto, nell'enunciare il teorema, che il dominio di f fosse un
intervallo.

Vedere il libro "Limiti e continuità" *Teorema 3.18.*

II) g è derivabile in $u_0 = f(x_0)$

allora

$g \circ f$ *è derivabile in x_0 e risulta*

$$(g \circ f)'(x_0) = g'(u_0) \cdot f'(x_0) \qquad (1.13)$$

Dimostrazione

Ricorrendo alla definizione di derivata, si ha:

$$\lim_{x \to x_0} \frac{(g \circ f)(x) - (g \circ f)(x_0)}{x - x_0} = \lim_{x \to x_0} \frac{g[f(x)] - g[f(x_0)]}{x - x_0} =$$

$$= \lim_{x \to x_0} \frac{g(u) - g(u_0)}{x - x_0} \qquad (1.14)$$

Poiché g è *derivabile* in u_0, per la (1.2) possiamo scrivere:

$$g(u) - g(u_0) = [g'(u_0) + \omega(u)] \cdot (u - u_0) \qquad (1.15)$$

ove ω è una funzione infinitesima per $u \to u_0$.

Sostituendo il numeratore della (1.14) con il secondo membro della (1.15) si ha:

$$\lim_{x \to x_0} \frac{(g \circ f)(x) - (g \circ f)(x_0)}{x - x_0} = \lim_{x \to x_0} \frac{[g'(u_0) + \omega(u)] \cdot (u - u_0)}{x - x_0} =$$

$$= \lim_{x \to x_0} \left([g'(u_0) + \omega(u)] \cdot \frac{u - u_0}{x - x_0} \right) =$$

$$= \lim_{x \to x_0} \left([g'(u_0) + \underset{\downarrow}{\omega(u)}] \cdot \underset{\downarrow}{\frac{f(x) - f(x_0)}{x - x_0}} \right) = g'(u_0) \cdot f'(x_0) \quad [5]$$

$$\qquad\qquad\qquad\qquad 0 \qquad\qquad f'(x_0) \qquad\qquad\qquad\qquad \textbf{c.v.d.}$$

[5] Che sia $\lim_{x \to x_0} \omega(u) = 0$ segue dal fatto che essendo f derivabile in x_0 è anche continua in esso, quindi: $x \to x_0 \Rightarrow (u = f(x) \to u_0 = f(x_0))$ e pertanto $\lim_{x \to x_0} \omega(u) = \lim_{u \to u_0} \omega(u)$; essendo poi ω infinitesima per $u \to u_0$ si ha che $\lim_{x \to x_0} \omega(u) = 0$.

Il *Teorema 1.6* ci permette di dimostrare quest'altro teorema.

Teorema 1.7 *Se* $f : y = f(x)$, $x \in A \subseteq \mathbb{R} \subset \widetilde{\mathbb{R}}$ *è una funzione* pari *e* derivabile *allora la funzione derivata* f' *è una funzione* dispari.

Analogamente se f *è una funzione* dispari *e derivabile* allora la funzione derivata f' è una funzione pari.

   Dimostrazione
Poiché f è *pari* si ha che:

$$\forall x \in A \Rightarrow f(-x) = f(x) \quad ; \tag{1.16}$$

essendo poi f *derivabile*, per il *Teorema 1.6* lo è anche la funzione

$$g : y = g(x) = f(-x) \quad , x \in A$$

essendo quest'ultima funzione composta dalle due funzioni derivabili:

$$f_1 : u = f_1(x) = -x \quad , x \in A$$
$$\text{e}$$
$$f_2 : y = f_2(u) = f(u) \quad , u \in f_1(A)$$

Poiché per la (1.16) le due funzioni f e g sono uguali, sono tali anche le loro derivate, cioè

$$\forall x \in A \Rightarrow g'(x) = f'(x) \tag{1.17}$$

Derivando la g si ha:

$$g'(x) = f'(-x) \cdot (-1) = -f'(-x).$$

Sostituendo l'espressione ottenuta nel primo membro della (1.17) si ha:

$$-f'(-x) = f'(x) \quad \text{cioè} \quad f'(-x) = -f'(x)$$

e quindi la prima parte del *teorema* è dimostrata.

   Poichè la dimostrazione della seconda parte è analoga alla prima, viene lasciata come esercizio allo Studente.

                                                        c.v.d.

Sperimentiamo ora l'utilità dei teoremi enunciati nell'effettuare l'operazione di derivazione sulle *funzioni elementari* [6] che non sono state trattate negli esempi precedenti.

1.7 Operazione di derivazione sulle funzioni elementari

Il *Teorema 1.5* ci permette di effettuare l'operazione di derivazione sulle seguenti funzioni:

$$
\begin{aligned}
f &: y = f(x) = \arcsin x & , & \quad x \in [-1, 1] \\
f &: y = f(x) = \arccos x & , & \quad x \in [-1, 1] \\
f &: y = f(x) = \arctan x & , & \quad x \in (-\infty, +\infty) \\
f &: y = f(x) = a^x (\text{con } a > 0) & , & \quad x \in (-\infty, +\infty)
\end{aligned}
$$

conoscendo già le derivate delle loro funzioni inverse.

Cominciamo dalla prima!

$$
f : y = f(x) = \arcsin x \quad , \quad x \in [-1, 1]
$$

La sua funzione inversa è:

$$
f^{-1} : x = f^{-1}(y) = \sin y \quad , \quad y \in \left[-\frac{\pi}{2}, \frac{\pi}{2} \right]
$$

ed ha per derivata $\cos y$; essendo $\cos y \neq 0$ in $(-\frac{\pi}{2}, \frac{\pi}{2})$, per il *Teorema 1.5*, la f è derivabile in (-1, 1) e la sua derivata è:

$$
f'(x) = (\arcsin x)' = \frac{1}{\cos y} \quad .
$$

Tenendo poi presente che $(\cos y)^2 + (\sin y)^2 = 1$, che in $(-\frac{\pi}{2}, \frac{\pi}{2})$ risulta $\cos y > 0$ e che $\sin y = x$ abbiamo

$$
f'(x) = (\arcsin x)' = \frac{1}{\cos y} = \frac{1}{\sqrt{1 - (\sin y)^2}} = \frac{1}{\sqrt{1 - x^2}}
$$

---

[6]Per *funzione elementare* intendiamo ogni funzione che non è somma, differenza, prodotto, quoziente o funzione composta di altre funzioni.

Nel libro "Limiti e continuità", paragrafo 2.9, abbiamo dato l'elenco delle funzioni che vanno sotto questo nome.

Ragionando nello stesso modo, si prova che:

$$f'(x) = (\arccos x)' = -\frac{1}{\sqrt{1-x^2}}$$

Eseguiamo invece l'operazione di derivazione sulla funzione

$$f : y = f(x) = \arctan x \quad , \quad x \in (-\infty, +\infty).$$

La sua *funzione inversa* è:

$$f^{-1} : x = f^{-1}(y) = \tan y \quad , \quad y \in \left(-\frac{\pi}{2}, \frac{\pi}{2}\right)$$

ed ha per derivata $\frac{1}{(\cos y)^2}$; essendo $(\cos y)^2 \neq 0$ in $(-\frac{\pi}{2}, \frac{\pi}{2})$, per il *Teorema 1.5*, la f è derivabile in $(-\infty, +\infty)$ e la sua derivata è:

$$f'(x) = (\arctan x)' = \frac{1}{\frac{1}{(\cos y)^2}}$$

Tenendo poi presente che:

$$\frac{1}{(\cos y)^2} = \frac{(\cos y)^2 + (\sin y)^2}{(\cos y)^2} = 1 + (\tan y)^2$$

e che $\tan y = x$, abbiamo:

$$f'(x) = (\arctan x)' = \frac{1}{\frac{1}{(\cos y)^2}} = \frac{1}{1 + (\tan y)^2} = \frac{1}{1 + x^2}.$$

Consideriamo infine la funzione

$$f : y = f(x) = a^x \text{ (con } a > 0) \quad , \quad x \in (-\infty, +\infty)$$

La sua funzione inversa è:

$$f^{-1} : x = f^{-1}(y) = \log_a y \quad , \quad y \in (0, +\infty)$$

ed ha per derivata : $\dfrac{1}{y} \cdot \log_a e$; essendo quest'ultima $\neq 0$ in $(0, +\infty)$, per
il *Teorema 1.5*, la f è derivabile in $(-\infty, +\infty)$ e la sua derivata è:

$$f'(x) = (a^x)' = \frac{1}{\frac{1}{y} \cdot \log_a e} = \frac{y}{\log_a e} = y \cdot \log_e a \quad ^7$$

Tenendo poi presente che è $\quad y = a^x \quad$ abbiamo:

$$f'(x) = (a^x)' = a^x \cdot \log_e a \quad ;$$

in particolare: se è $\quad a = e$ (numero di Nepero) si ha:

$$f'(x) = (e^x)' = e^x.$$

Il *Teorema 1.6* ci permette di effettuare l'operazione di derivazione su quest'altra funzione:

$$f : y = f(x) = x^\alpha \quad , \quad x \in A = (0, +\infty) \ , \ \text{con } \alpha \in \mathbb{R}$$

Vediamo come!
   Tenendo presente che $x^\alpha = e^{\log x^\alpha} = e^{\alpha \log x}$, possiamo scrivere:

$$f : y = f(x) = e^{\alpha \log x} \quad , \quad x \in A = (0, +\infty).$$

La nuova rappresentazione della legge d'associazione della f ci consente di riguardare quest'ultima come funzione composta di queste due funzioni:

$$f_1 : u = f_1(x) = \alpha \cdot \log x \ , \ x \in A = (0, +\infty)$$
$$f_2 : y = f_2(u) = e^u \qquad\quad , \ u \in f_1(A)$$

entrambe derivabili.

---

[7]Ricordiamo che $\frac{1}{\log_b a} = \log_a b$.
   Vedere il libro "Funzioni reali di una variabile reale" , paragrafo 4.2.

Applicando appunto il *Teorema 1.6* abbiamo:

$$f'(x) = (x^\alpha)' = (e^{\alpha \cdot \log x})' = (e^u)' \cdot (\alpha \cdot \log x)' = e^u \cdot \left(\alpha \cdot \frac{1}{x}\right) =$$
$$= e^{\alpha \cdot \log x} \cdot \alpha \cdot \frac{1}{x} = x^\alpha \cdot \alpha \cdot \frac{1}{x} = \alpha \cdot x^{\alpha-1}$$

Per facilitare i calcoli futuri, raggruppiamo in una tabella le derivate delle *funzioni elementari*. Per rendere poi più agili le notazioni, nel
seguito, quando non si darà luogo ad equivoci, scriveremo $y = D(\dots)$ o
addirittura $y' = \dots$ per denotare la derivata di una funzione la cui legge
d'associazione f è rappresentata dalla formula $y = \dots$.

Tabella delle derivate

$D(c) = 0$	$D(\tan x) = \frac{1}{\cos^2 x}$
$D(x^\alpha) = \alpha \cdot x^{\alpha-1}$	$D(\cotan x) = -\frac{1}{\sin^2 x}$
$D(a^x) = a^x \cdot \log a$	$D(\arcsin x) = \frac{1}{\sqrt{1-x^2}}$
$D(e^x) = e^x$	$D(\arccos x) = -\frac{1}{\sqrt{1-x^2}}$
$D(\sin x) = \cos x$	$D(\arctan x) = \frac{1}{1+x^2}$
$D(\cos x) = -\sin x$	$D(\log x) = \frac{1}{x}$

Finalmente siamo in condizione di affrontare l'obiettivo 6.

1.8   Come si esegue nella pratica l'opera-zione di derivazione

Affrontiamo finalmente il problema di come effettuare l'operazione di derivazione su una funzione la cui legge d'associazione è assegnata mediante
una "formula".

Vediamo come i teoremi enunciati nel paragrafo 1.6 ci danno una mano!

Si consiglia di procedere cosí:

1. *analizzare* le operazioni indicate nella "formula" che rappresenta la legge d'associazione della funzione e *decidere* se si tratta di una *funzione somma, prodotto, quoziente,* ...; in altre parole individuare a partire da quali funzioni è stata costruita la funzione in istudio.

   Chiameremo queste ultime *funzioni – mattone.*

   Ciascuna funzione – mattone a sua volta può essere:

   – o una *funzione elementare*

   – o una funzione somma, prodotto, quoziente, ecc. di funzioni elementari.

2. *effettuare l'operazione di derivazione* su ciascuna funzione – mattone

3. *utilizzare* qualcuno dei teoremi enunciati nel paragrafo 1.6 per dedurre, dalle derivate delle funzioni – mattone, la derivata della funzione su cui si sta operando.

Prima di sperimentare tale procedimento su degli esempi, facciamo qualche commento.

Tutto il gioco consiste nel dedurre, per mezzo di qualcuno dei teoremi del paragrafo 1.6, dalle derivate delle *funzioni elementari* (che sono note) le derivate delle *funzioni – mattone* e da queste ultime, sempre per mezzo di qualcuno dei teoremi del paragrafo 1.6, la derivata della funzione in esame.

Sperimentiamo finalmente il metodo elaborato su degli esempi per dare allo Studente un modello di come procedere:

$$(x^2)' \quad = \quad 2x^{2-1} = 2x$$

$$(\sqrt{x})' \quad = \quad (x^{\frac{1}{2}})' = \tfrac{1}{2}x^{\frac{1}{2}-1} = \tfrac{1}{2}x^{-\frac{1}{2}} = \tfrac{1}{2\sqrt{x}}$$

$$\left(\tfrac{x}{\log x}\right)' \quad = \quad \tfrac{1\cdot\log x - x\cdot\frac{1}{x}}{(\log x)^2} = \tfrac{\log x - 1}{(\log x)^2}$$

$$(\cotan x)' \quad = \quad \left(\tfrac{\cos x}{\sin x}\right)' = \tfrac{(\cos x)'\cdot\sin x - \cos x\cdot(\sin x)'}{(\sin x)^2} =$$
$$= \quad \tfrac{(-\sin x)\cdot\sin x - \cos x\cdot\cos x}{(\sin x)^2} = -\tfrac{(\sin x)^2 + (\cos x)^2}{(\sin x)^2} = -\tfrac{1}{(\sin x)^2}$$

$$(\sin(\log x))' \quad = \quad \cos(\log x)\cdot\tfrac{1}{x}$$

Tenendo presenti le definizioni di seno, coseno, tangente e cotangente iperbolica, date nel libro "Funzioni reali di una variabile reale", paragrafi 4.5 e 4.6, invitiamo lo Studente a dimostrare che:

$$(\cosh x)' \quad = \quad \sinh x$$

$$(\sinh x)' \quad = \quad \cosh x$$

$$(\tanh x)' \quad = \quad \tfrac{1}{\cosh^2 x}$$

$$(\cotanh x)' \quad = \quad \tfrac{1}{\sinh^2 x}$$

Terminiamo questo argomento con qualche consiglio.

1.9 Qualche consiglio per il calcolo delle derivate

1. Data una funzione così fatta:

$$F : y = F(x) = [f(x)]^{g(x)} \quad , \quad x \in A \subseteq \mathbb{R} \subset \widetilde{\mathbb{R}}$$

se f e g sono *derivabili*, ci chiediamo se F lo è pure.

Nessuna delle *regole di derivazione* viste nel paragrafo 1.6 ci dà la risposta, perché non si tratta nè di una *funzione somma*, nè di una *funzione prodotto*, ecc ...

Se rappresentiamo però la legge d'associazione F mediante quest'altra "formula"

$$F(x) = e^{g(x)\cdot \log f(x)}$$

il *Teorema 1.6* ci permette di concludere che

$$F'(x) = e^{g(x)\cdot \log f(x)} \cdot \left[g'(x) \cdot \log f(x) + g(x) \cdot \frac{1}{f(x)} \cdot f'(x) \right] \quad (1.18)$$

Diamo un esempio!

Esempio 1.8 *Sia*

$$F : y = F(x) = x^x \quad , \quad x \in A = (0, +\infty)$$

Scrivendo

$$F(x) = e^{x\cdot \log x}$$

ed utilizzando la (1.18) si ha:

$$F'(x) = e^{x\cdot \log x} \left[1 \cdot \log x + x \cdot \frac{1}{x} \right] = x^x \cdot (\log x + 1)$$

2. Capita spesso di avere a che fare con funzioni composte da più di due funzioni, ad esempio

    $$F : y = F(x) = f\{\varphi[\psi(x)]\} \quad , \quad x \in A \subseteq \mathbb{R} \subset \tilde{\mathbb{R}}$$

    La derivata si calcola applicando due volte il *Teorema 1.6*, cioè si *deriva* la f come se la variabile fosse $\varphi[\psi(x)]$, si moltiplica la derivata ottenuta per la derivata di φ calcolata come se la variabile fosse $\psi(x)$ ed infine si moltiplica ancora per la derivata di ψ.

    In simboli

    $$F'(x) = f'\{\varphi[\psi(x)]\} \cdot \varphi'[\psi(x)] \cdot \psi'(x).$$

3. Data una funzione cosí fatta

$$F : y = F(x) = \begin{cases} f(x) & , x \in (-\infty, x_0] \\ g(x) & , x \in (x_0, +\infty) \end{cases}$$

per calcolare la derivata nel punto x_0 occorre ricorrere alla definizione, cioè fare

$$\lim_{x \to x_0^-} \frac{f(x) - f(x_0)}{x - x_0} \quad e \quad \lim_{x \to x_0^+} \frac{g(x) - f(x_0)}{x - x_0};$$

per calcolare la derivata negli altri punti si utilizzano invece le regole di derivazione. Se la F é derivabile ed il valore della derivata nel punto x_0 è l, cioè $F'(x_0) = l$, la funzione derivata è:

$$F' : y = F'(x) = \begin{cases} f'(x) & , x \in (-\infty, x_0) \\ l & , x = x_0 \\ g'(x) & , x \in (x_0, +\infty) \end{cases}$$

Resta ora da trattare l'obiettivo 5., cioé da rispondere all'interrogativo perché si fa l'operazione di derivazione.

Esamineremo vari problemi, se riusciremo a risolverli con l'aiuto del concetto di derivata o con concetti fondati su di essa, avremo dato una *risposta* a tale obiettivo, nel senso che avremo visto a che serve il concetto di derivata.

Una prima applicazione di tale concetto l'abbiamo vista nel paragrafo 1.3: il concetto di derivata infatti ci ha permesso di definire il concetto di *retta tangente* al diagramma di una funzione. Consigliamo in ogni modo allo Studente, alla fine della nostra trattazione, di fare un riassunto delle situazioni che danno una risposta all'obiettivo 5.

Diamo intanto un concetto basato su quello di derivata: il concetto di *differenziale*.

1.10   Differenziale di una funzione

Definizione di differenziale
Data una funzione $f : y = f(x)$, $x \in A \subseteq \mathbb{R} \subset \widetilde{\mathbb{R}}$, **sia** x_0
un punto di A **e di accumulazione per esso.**
Se f **è** *derivabile* **in** x_0, **a partire dalla** f **possiamo
costruire quest'altra funzione che denotiamo con** df **e
chiamiamo** *differenziale* **della** f **relativo al punto** x_0:

$$df : y = df(x) = f'(x_0) \cdot (x - x_0) \quad , \quad x \in (-\infty, +\infty)$$

Il diagramma di tale funzione è una *retta* parallela alla retta tangente al diagramma della f nel punto $P_0(x_0, f(x_0))$ poiché ha lo stesso coefficiente angolare $f'(x_0)$.

Prima di chiederci a che serve il concetto introdotto, vediamo di che proprietà gode.

La formula (1.2) ci dà la risposta. Se denotiamo infatti, come è tradizione, con $\quad \Delta f \quad$ la *differenza* tra l'immagine $f(x)$ del generico punto x di $A \neq x_0$ e $f(x_0)$:

$$\Delta f = f(x) - f(x_0)$$

ed utilizziamo la definizione di differenziale ora introdotta, la (1.2) può essere scritta cosí:

$$\Delta f = df + \omega(x) \cdot (x - x_0) \quad , \quad x \in A - \{x_0\} \qquad (1.19)$$

La (1.19) è la proprietà preannunciata!

Essa esprime, se è $f'(x_0) \neq 0$ e quindi $df \neq 0$, Δf come somma del *differenziale* df più il termine $\omega(x) \cdot (x - x_0)$.

Mentre per $x \to x_0$, Δf e df sono infinitesimi dello stesso ordine, $\omega(x) \cdot (x - x_0)$ è infinitesimo di ordine superiore rispetto ad essi. In altre parole l'infinitesimo df costituisce la *parte principale* dell'infinitesimo Δf e pertanto il contributo nella somma del termine $\omega(x) \cdot (x - x_0)$ può essere trascurato se è x "vicino" a x_0; possiamo allora scrivere:

$$\Delta f \cong df \qquad \text{se è } x \text{ "vicino" a } x_0$$

o anche, ricordando le definizioni di Δf e df, così:

$$f(x) \cong f(x_0) + f'(x_0) \cdot (x - x_0) \tag{1.20}$$

La (1.20) è utilissima.

Vediamo perché!

Data una funzione derivabile f, se dobbiamo calcolare l'immagine $f(\overline{x})$ di un assegnato punto $\overline{x}$ del suo dominio e *non sappiamo farlo*[8], cerchiamo il punto x_0 più "vicino" al punto $\overline{x}$ dato, del quale sappiamo calcolare $f(x_0)$ e $f'(x_0)$ ed applichiamo poi la (1.20).

Diamo un esempio!

Esempio 1.9 *Supponiamo di dover calcolare $\sqrt[5]{33}$; siccome non conosciamo nessun numero che elevato alla quinta ci dia 33, per il suo calcolo pensiamo $\sqrt[5]{33}$ come $f(33)$ secondo la funzione*

$$f : y = f(x) = \sqrt[5]{x} \quad , \quad x \in (0, +\infty)$$

la quale è derivabile e la sua derivata è:

$$f' : y = f'(x) = \frac{1}{\sqrt[5]{x^4}} \quad , \quad x \in (0, +\infty)$$

Poiché il punto $x_0 \in (0, +\infty)$ "più vicino" a 33 del quale sappiamo calcolare $f(x_0)$ e $f'(x_0)$ è 32, scegliamo $x_0 = 32$ ed applichiamo la (1.20). Si ha allora:

$$
\begin{aligned}
f(33) &= \sqrt[5]{33} \simeq \sqrt[5]{32} + \frac{1}{5\sqrt[5]{32^4}}(33 - 32) = \\
&= 2 + \frac{1}{5 \cdot 16} \cdot 1 = 2 + \frac{1}{80} = \frac{161}{80}
\end{aligned}
$$

Si presentano ora naturali due domande:

---

[8]Data una funzione f si sa in generale calcolare le immagini $f(x)$ solo di alcuni punti x del suo dominio a meno che la legge d'associazione non sia rappresentata da un polinomio o da un rapporto tra polinomi. Se pensiamo ad esempio alla funzione logaritmo si sanno calcolare le immagini solo delle potenze della base.

1. Se è $f'(x_0) = 0$ e quindi $df = 0$, si può decomporre *l'infinitesimo* Δf come somma di *due infinitesimi* di cui uno dello *stesso ordine* di Δf? In altre parole: si può trovare una "formula" analoga alla (1.19)?

2. Usando la (1.20) commettiamo un errore. È possibile valutare l'entità di tale errore?

Nel capitolo 2 affronteremo tali questioni; tenendo ora presente che l'obiettivo di questo capitolo è di insegnare a disegnare i diagrammi delle funzioni, andiamo a definire quei concetti che sono fondamentali a tale scopo.

1.11   Definizioni di punto di crescenza, di decrescenza, di minimo e di massimo relativo

Data una funzione $f : y = f(x)$, $x \in A \subseteq \mathbb{R} \subset \widetilde{\mathbb{R}}$, fissato un punto $x_0 \in A$ e di accumulazione per esso, vogliamo confrontare la sua immagine $f(x_0)$ con le immagini $f(x)$ dei punti $x \in A$ e "vicini" al punto x_0 fissato.

Tale confronto ci porta alle definizioni di:

– punto di crescenza

– punto di decrescenza

– punto di minimo relativo

– punto di massimo relativo

Diamo le definizioni!

Definizione di punto di crescenza
Data la funzione $f : y = f(x)$, $x \in A \subseteq \mathbb{R} \subset \widetilde{\mathbb{R}}$ **si dice che un punto** $x_0 \in A$ **e di accumulazione per esso**

è *punto di crescenza* per f (o che f è *crescente nel punto* x_0) se tra gli infiniti intorni di x_0 ne possiamo trovare uno

$$I(x_0, \overline{\rho}) = (x_0 - \overline{\rho}, x_0 + \overline{\rho})$$

tale che

se $x \in (x_0 - \overline{\rho}, x_0) \cap A$ **allora** $f(x) < f(x_0)$

e

se $x \in (x_0, x_0 + \overline{\rho}) \cap A$ **allora** $f(x) > f(x_0)$ ⁹

In tale definizione si confrontano le immagini $f(x)$ dei punti x di $(I(x_0, \overline{\rho}) - \{x_0\}) \cap A$ con $f(x_0)$ e si constata che $x - x_0$ e $f(x) - f(x_0)$ hanno lo stesso segno.

Questo fatto consente di rienunciare sinteticamente la definizione data cosí:

Data la funzione $f : y = f(x)$ **,** $x \in A \subseteq \mathbb{R} \subset \widetilde{\mathbb{R}}$ **si dice che un punto** $x_0 \in A$ **e di accumulazione per esso è** *punto di crescenza* **per** f **(o che** f **è** *crescente nel punto* x_0**) se tra gli infiniti intorni di** x_0 **ne possiamo trovare uno**

$$I(x_0, \overline{\rho}) = (x_0 - \overline{\rho}, x_0 + \overline{\rho})$$

tale che

$$\frac{f(x) - f(x_0)}{x - x_0} > 0 \quad , \quad \forall x \in (I(x_0, \overline{\rho}) - \{x_0\}) \cap A. \quad (1.21)$$

Illustriamo la definizione data con il seguente diagramma:

---

⁹Se A è un *intervallo chiuso* ad esempio $A = [a, b]$ perché sia $x_0 = a$ punto di crescenza, basta che sia verificata la seconda delle due implicazioni scritte; analogamente perché lo sia b, basta che sia verificata la prima.

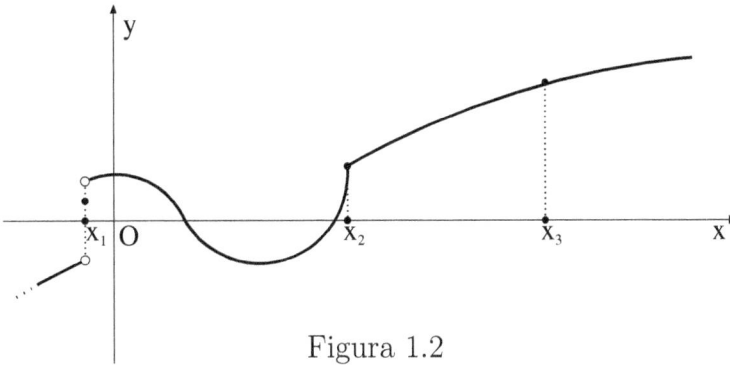

Figura 1.2

I punti x_1, x_2, x_3 sono tre punti di crescenza per f; nel primo, f
non è continua; nel secondo, f è *continua* ma non è *derivabile*; nel terzo
è *derivabile*. Come si vede, la definizione di crescenza in un punto è
indipendente dalle definizioni di continuità e derivabilità.

In tutti e tre i punti, si verifica questo fenomeno:
- è possibile cioè trovare un intorno $I(x_1, \rho_1)$ di x_1, uno $I(x_2, \rho_2)$ di x_2,
ed uno $I(x_3, \rho_3)$ di x_3 tali che le *restrizioni* di f aventi per dominio
rispettivamente $I(x_1, \rho_1) \cap A$, $I(x_2, \rho_2) \cap A$ e $I(x_3, \rho_3) \cap A$ siano *monotòne
crescenti*.

Tale fenomeno non è però conseguenza della definizione data. Per
convincersi di ciò basta osservare il seguente diagramma:

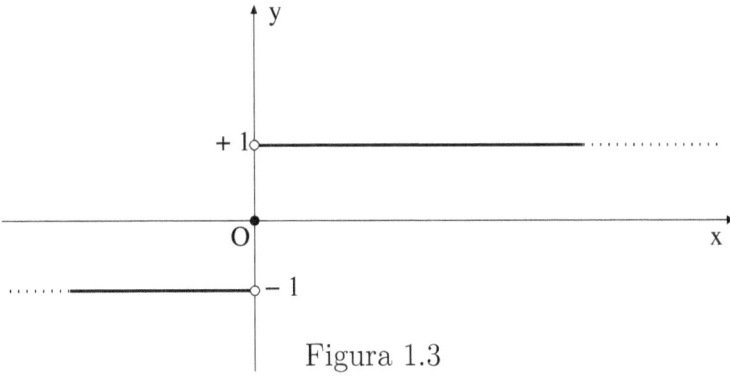

Figura 1.3

nel quale si vede che il punto $x_0 = 0$, pur verificando la definizione di punto di crescenza, non ha alcun intorno $I(0, \rho)$ tale che la restrizione di f avente per dominio tale intorno risulti *monotòna crescente*.

Diamo ora la definizione di *punto di decrescenza*. Procedendo come nel caso anteriore si arriva alla seguente definizione:

> *Definizione di punto di decrescenza*
> **Data la funzione $f : y = f(x)$, $x \in A \subseteq \mathbb{R} \subset \tilde{\mathbb{R}}$ si dice
> che un punto $x_0 \in A$ e di accumulazione per esso è
> punto di decrescenza per f (o che f è decrescente nel
> punto x_0) se tra gli infiniti intorni di x_0 ne possiamo
> trovare uno**

$$I(x_0, \overline{\rho}) = (x_0 - \overline{\rho}, x_0 + \overline{\rho})$$

tale che risulti

$$\frac{f(x) - f(x_0)}{x - x_0} < 0 \quad , \quad \forall x \in (I(x_0, \overline{\rho}) - \{x_0\}) \cap A. \quad (1.22)$$

Illustriamo anche qui la definizione data con il seguente diagramma:

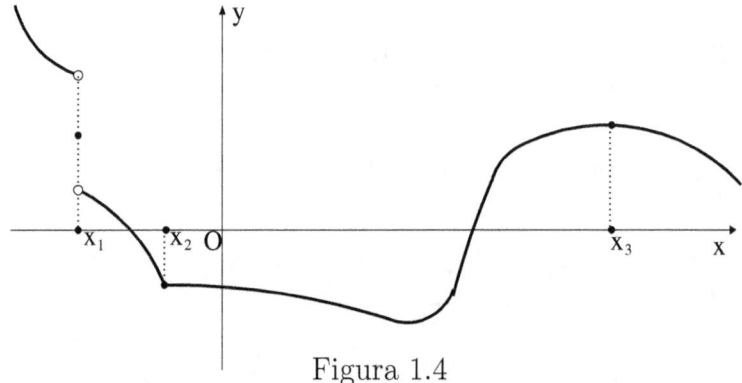

Figura 1.4

I punti x_1, x_2 x_3 sono tre punti di decrescenza per f; nel primo, f *non è continua*; nel secondo, f è *continua* ma *non è derivabile*; nel terzo, f è *derivabile*.

Anche questa definizione è *indipendente* dalle definizioni di continuità e derivabilità.

Nei tre punti x_1, x_2, x_3 esaminati si verifica, anche qui un fenomeno analogo a quello che si verifica nei tre punti x_1, x_2, x_3 considerati nella definizione precedente:
- è possibile cioè trovare un intorno $I(x_1, \rho_1)$ di x_1, uno $I(x_2, \rho_2)$ di x_2, ed uno $I(x_3, \rho_3)$ di x_3 tali che le *restrizioni* di f aventi per dominio rispettivamente $I(x_1, \rho_1) \cap A$, $I(x_2, \rho_2) \cap A$ e $I(x_3, \rho_3) \cap A$ siano *monotòne decrescenti*.

Tale fenomeno non è però, neanche in questo caso, una conseguenza della definizione data. Per convincersi di ciò basta infatti osservare il seguente diagramma:

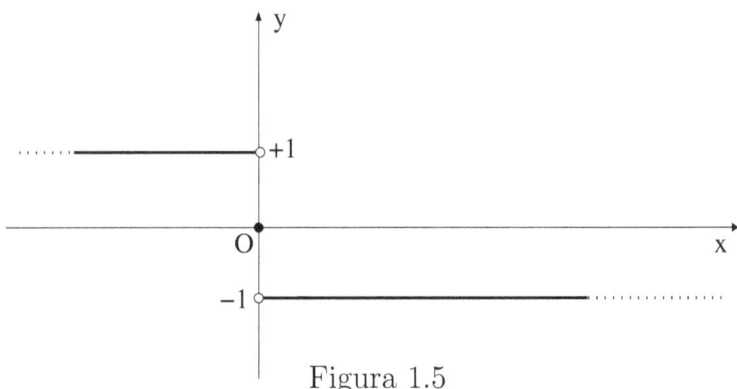

Figura 1.5

nel quale si vede che il punto $x_0 = 0$, pur verificando la definizione di punto di decrescenza, non ha alcun intorno $I(0, \rho)$ tale che la restrizione di f avente per dominio tale intorno risulti *monotòna decrescente*.

Diamo infine le altre due definizioni!

Definizione di minimo relativo
Data la funzione $f : y = f(x)$, $x \in A \subseteq \mathbb{R} \subset \widetilde{\mathbb{R}}$ si dice che un punto $x_0 \in A$ e di accumulazione per esso è *punto di minimo relativo* per f se, tra gli infiniti intorni di x_0, ne possiamo trovare uno

$$I(x_0, \overline{\rho}) = (x_0 - \overline{\rho}, x_0 + \overline{\rho})$$

tale che

se $x \in (I(x_0, \overline{\rho}) - \{x_0\}) \cap A$ **allora** $f(x) \geq f(x_0)$.

In particolare, se risulta $f(x) > f(x_0)$ **si dice che** x_0 **è**
punto di minimo relativo proprio **per** f.

In questa definizione (come del resto in quelle di punto di crescenza e di descrescenza) si confrontano le immagini $f(x)$ dei punti x di
$(I(x_0, \overline{\rho}) - \{x_0\}) \cap A$ con $f(x_0)$ e, contrariamente a ciò che accade nelle
altre definizioni, risulta $f(x) - f(x_0) \geq 0$ per cui se vogliamo rienunciare
la definizione data utilizzando il rapporto $\frac{f(x) - f(x_0)}{x - x_0}$, possiamo dire:

Data la funzione $f : y = f(x)$, $x \in A \subseteq \mathbb{R} \subset \widetilde{\mathbb{R}}$ **si**
dice che un punto $x_0 \in A$ **e di accumulazione per esso**
è *punto di minimo relativo* **per** f **se tra gli infiniti**
intorni di x_0 **ne possiamo trovare uno**

$$I(x_0, \overline{\rho}) = (x_0 - \overline{\rho}, x_0 + \overline{\rho})$$

tale che risulta

$$\frac{f(x) - f(x_0)}{x - x_0} = \begin{cases} \leq 0 & \text{se } x \in (x_0 - \overline{\rho}, x_0) \cap A \\ \geq 0 & \text{se } x \in (x_0, x_0 + \overline{\rho}) \cap A \end{cases}$$

In particolare x_0 **è** *punto di minimo relativo proprio*
se nelle disequazioni scritte vi sono i segni $<$ **e** $>$
invece di $\leq$ **e** $\geq$.

Illustriamo la definizione data con il seguente diagramma:

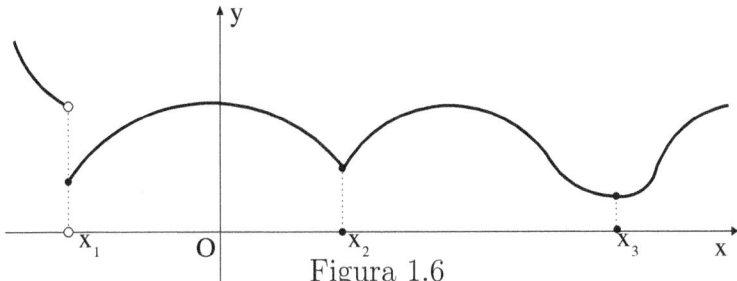
Figura 1.6

I punti x_1, x_2, x_3 sono tre punti di minimo relativo, anzi di minimo relativo proprio; nel primo f *non è continua*; nel secondo, f è *continua* ma *non è derivabile*; nel terzo, f è *derivabile*. La definizione di minimo relativo è quindi indipendente dalle definizioni di continuità e derivabilità.

Di ciascuno dei tre punti considerati poi è possibile trovare un intorno tale che la restrizione di f il cui dominio è costituito dai punti dell'intorno che stanno a *sinistra* del punto considerato è *monotóna decrescente* mentre quella il cui dominio è costituito dai punti dell'intorno che stanno a *destra*, è *monotóna crescente*.

Questo fenomeno non è però conseguenza della definizione data. Per convincersi di ciò basta infatti considerare la seguente funzione:

$$f : y = f(x) = \begin{cases} |x| \cdot \left(1 + \sin^2 \frac{1}{x}\right) & , \quad x \in (-\infty, 0) \cup (0, +\infty) \\ 0 & , \quad x = 0 \end{cases}$$

Disegnamone il diagramma!

Si tratta di una funzione pari per cui basta disegnare il diagramma della restrizione di dominio $A' = [0, +\infty)$ e poi completarlo.

Poiché $\quad 0 \leq \sin^2 \frac{1}{x} \leq 1 \quad$ risulta che

$$\forall x \in (0, +\infty) \Rightarrow x(1+0) \leq f(x) \leq x(1+1) \Leftrightarrow x \leq f(x) \leq 2x$$

e quindi il diagramma della restrizione considerata è compreso tra le rette d'equazione $y = x$, $y = 2x$ e le tocca nei punti aventi per ascissa rispettivamente le soluzioni delle equazioni:

$$\sin^2 \frac{1}{x} = 0 \quad e \quad \sin^2 \frac{1}{x} = 1 \qquad (1.23)$$

Siccome ciascuna di tali equazioni ha *infinite* soluzioni, il diagramma tocca le rette suddette *infinite* volte, oscillando tra esse:

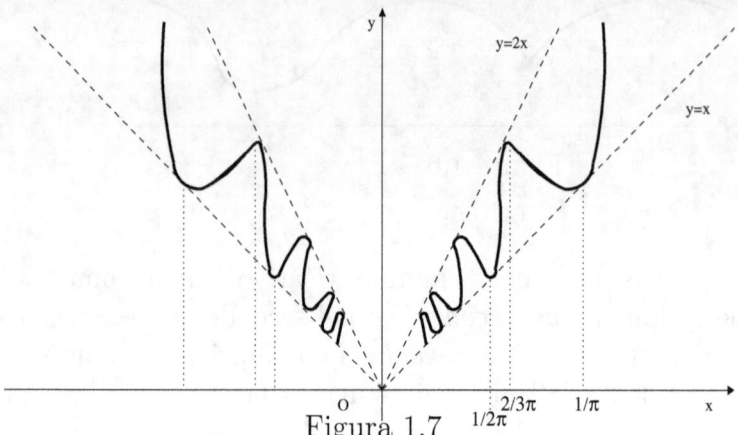

Figura 1.7

Il punto $x_0 = 0$ è punto di minimo relativo (anzi assoluto).[10]

Poiché ad ogni intorno di esso appartengono *infinite soluzioni* di ciascuna delle due equazioni (1.23), il diagramma della restrizione della f avente per dominio tale intorno presenta *infinite oscillazioni* e quindi non esiste alcun intorno del punto $x_0 = 0 : I(0, \rho) = (-\rho, \rho)$ tale che la restrizione di f di dominio $(-\rho, 0)$ sia *monotòna decrescente* e quella di dominio $(0, \rho)$ sia *monotòna crescente*.

Abbiamo finora dato esempi di punti di minimo relativo proprio. Un esempio di *punto di minimo relativo non proprio* è fornito dalla seguente

---

[10]Nel libro "Funzioni reali di una variabile reale", paragrafo 2.9, abbiamo definito il *minimo assoluto* e i *punti di minimo assoluto* di una funzione. Questi ultimi appartengono ovviamente al dominio A della funzione e possono essere o *punti di accumulazione* per A o *punti isolati* per A.

Se x_m è punto di minimo assoluto per f ed è *punto di accumulazione per A*, allora è facile convincersi che è anche punto di minimo relativo per f, come nel caso in esame.

Se invece x_m è *punto isolato di A*, esso non può essere riguardato come punto di *minimo relativo* per f perché quest'ultimo per definizione deve essere punto di accumulazione per A.

Una relazione analoga vale tra i punti di *massimo assoluto* e i punti di *massimo relativo*.

funzione

$$f : y = f(x) = \begin{cases} \left| x \cdot \sin \frac{1}{x} \right| & , \quad x \in (-\infty, 0) \cup (0, +\infty) \\ 0 & x = 0 \end{cases}$$

della quale invitiamo lo Studente a disegnare il diagramma seguendo il metodo da noi utilizzato nell'esempio precedente.

Una volta disegnato il diagramma, è facile rendersi conto che il punto $x_0 = 0$ è punto di *minimo relativo non proprio* perché in ogni intorno di esso vi sono infiniti punti x che hanno l'immagine $f(x) = 0$.

In modo del tutto analogo si definisce il *punto di massimo relativo* per cui senza altre considerazioni ne diamo rapidamente la definizione:

Definizione di punto di massimo relativo proprio
Data la funzione $f : y = f(x)$, $x \in A \subseteq \mathbb{R} \subset \tilde{\mathbb{R}}$ si dice che un punto $x_0 \in A$ e di accumulazione per esso è *punto di massimo relativo* per f se tra gli infiniti intorni di x_0 ne possiamo trovare uno

$$I(x_0, \overline{\rho}) = (x_0 - \overline{\rho}, x_0 + \overline{\rho})$$

tale che risulti

$$\frac{f(x) - f(x_0)}{x - x_0} = \begin{cases} \geq 0 & \text{se } x \in (x_0 - \overline{\rho}, x_0) \cap A \\ \leq 0 & \text{se } x \in (x_0, x_0 + \overline{\rho}) \cap A \end{cases}$$

In particolare x_0 è *punto di massimo relativo proprio* se nelle disequazioni scritte vi sono segni di $<$ e $>$ invece di $\leq$ e $\geq$.

Per i punti di massimo relativo si possono ripetere tutte le considerazioni fatte per i punti di minimo relativo, però, per brevità, ci esimiamo dal farlo e lo lasciamo come esercizio allo Studente.

Non bisogna credere che preso un qualunque punto x_0 del dominio di una funzione, esso verifichi una delle quattro definizioni date; vi sono esempi di punti che ne verificano due ed esempi di punti che non ne verificano nessuna.

Se pensiamo infatti ad una funzione il cui diagramma sia quello della figura

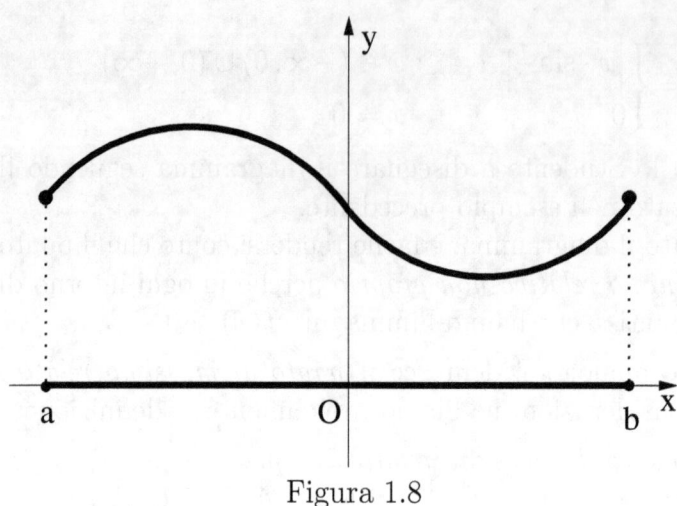

Figura 1.8

si vede che il punto $x_0 = a$ è *punto di crescenza* e *punto di minimo relativo*, mentre $x_0 = b$ è *punto di crescenza* e *punto di massimo relativo*.

La funzione poi:

$$f : y = f(x) = \begin{cases} x \cdot \sin \frac{1}{x} &, \quad x \in (-\infty, 0) \cup (0, +\infty) \\ 0 & x = 0 \end{cases}$$

ci fornisce un esempio di punto: $x_0 = 0$, che non soddisfa nessuna delle quattro definizioni date. La verifica di ciò viene lasciata come esercizio allo Studente.

Prima di passare ad altro, facciamo una breve riflessione sulle definizioni date.

1.12   Riflessioni sulle definizioni date

Con le definizioni date, abbiamo per le funzioni:

1. *due concetti di crescenza*

– quello di funzione monotòna crescente

– quello di funzione crescente in un punto

2. *due concetti di decrescenza*

– quello di funzione monotòna decrescente

– quello di funzione decrescente in un punto

3. *due concetti di punto di minimo*

– quello di punto di minimo assoluto

– quello di punto di minimo relativo

4. *due concetti di punto di massimo*

– quello di punto di massimo assoluto

– quello di punto di massimo relativo

È facile convincersi che:

I) degli otto concetti elencati. quattro sono concetti *globali* e quattro *puntuali* (o *locali*) [11]

II) Se una funzione è monotòna crescente allora è crescente in ogni punto del suo dominio; il viceversa però non è certo, cioè se una funzione è crescente in ogni punto del suo dominio, non è detto che sia monotòna crescente. È ciò che avviene infatti per la funzione f avente il seguente diagramma:

---

[11]Come abbiamo già detto nel libro "Limiti e continuità", paragrafo 3.8, nota 5, i concetti in matematica si distinguono in *concetti globali* e *concetti puntuali* (o *locali*). Sono esempi di concetti globali: la monotonìa, l'uniforme continuità, ecc...; sono invece esempi di concetti puntuali: la continuità, la derivabilità, ecc ...

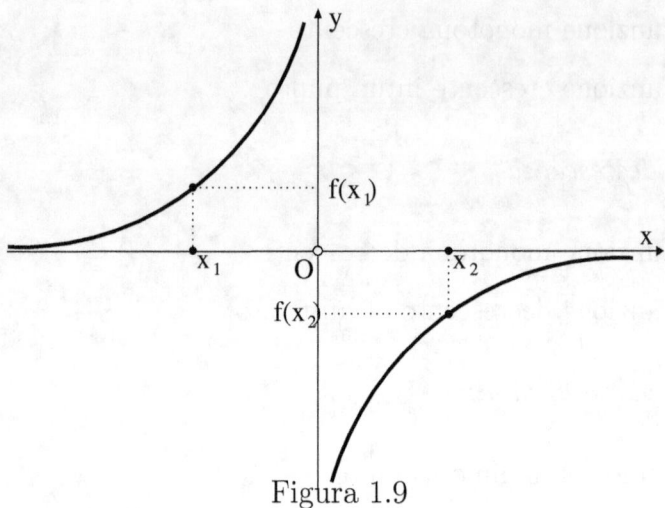

Figura 1.9

se consideriamo infatti un punto $x_1 \in (-\infty, 0)$ ed un punto $x_2 \in (0, +\infty)$ da $x_1 < x_2 \not\Rightarrow f(x_1) < f(x_2)$.

Sicuramente la crescenza in ogni punto del dominio implica che f sia monotòna crescente se il dominio è un *intervallo*.

III) Se una funzione è monotòna decrescente, allora è decrescente in ogni punto del suo dominio; il viceversa neanche in questo caso è certo, come mostra la funzione f avente quest'altro diagramma:

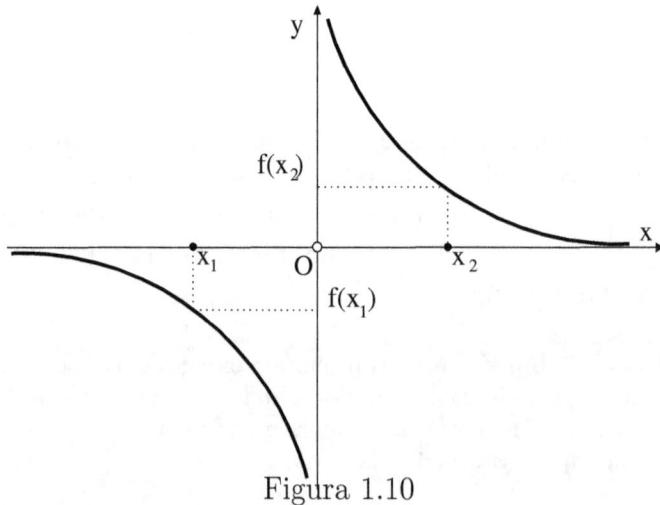

Figura 1.10

se consideriamo infatti un punto $x_1 \in (-\infty, 0)$ ed un punto $x_2 \in (0, +\infty)$ da $x_1 < x_2 \nRightarrow f(x_1) > f(x_2)$.

Sicuramente la decrescenza in ogni punto del dominio implica che f sia monotòna decrescente se il dominio è, anche qui, un *intervallo*.

IV) Se x_0 è *punto di minimo assoluto* e non è un *punto isolato* di A allora è anche *punto di minimo relativo*

V) Se x_0 è *punto di massimo assoluto* e non è un *punto isolato* di A allora è anche *punto di massimo relativo*

Se il dominio A non ha punti *isolati*, si è portati a pensare che il minimo assoluto è il "più piccolo" dei minimi relativi e che il massimo assoluto è il "più grande" dei massimi relativi, ma la funzione f che ha il seguente diagramma travolge la nostra convinzione:

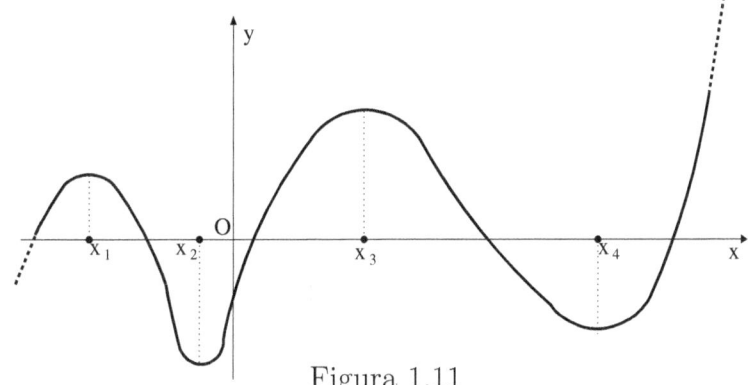

Figura 1.11

Il suo codominio è $(-\infty, +\infty)$ quindi f non è dotata né di minimo né di massimo assoluto mentre il "più piccolo" dei minimi relativi è $f(x_2)$ ed il "più grande" dei massimi relativi è $f(x_3)$.

Allora la nostra idea è sempre falsa? No; sicuramente è vera se la funzione è dotata di minimo e di massimo assoluto ed il suo dominio non ha *punti isolati*.

Ci chiediamo ora: perché abbiamo insistito tanto sui concetti di punto di crescenza, di decrescenza, di minimo e di massimo relativo? che relazioni ci sono tra essi e le derivate di cui stavamo parlando?

Andiamo a vedere!

1.13   Relazioni tra i concetti ora definiti e quello di derivata

Abbiamo espresso le quattro definizioni di *punto di crescenza, di decrescenza,* di *minimo* e di *massimo relativo* servendoci di restrizioni della funzione *rapporto incrementale.*

Se teniamo presenti le previsioni possibili circa la natura del limite (nel caso che esista), di cui abbiamo parlato nel libro "Limiti e continuità" paragrafi 2.4 e le applichiamo alla funzione *rapporto incrementale* della funzione f relativa al punto x_0, possiamo concludere:

I) Se x_0 è *punto di crescenza* per f ed f è ivi *derivabile* allora risulta $f'(x_0) \geq 0$.

II) Se x_0 è *punto di decrescenza* per f ed f è ivi *derivabile* allora risulta $f'(x_0) \leq 0$.

III) Se x_0 è *punto di minimo relativo* per f, *interno* al dominio e f è ivi *derivabile* allora risulta $f'(x_0) = 0$.

IV) Sia x_0 *punto di minimo relativo* per f di dominio $[a, b]$. Se $x_0 = a$ e f è *derivabile* in esso, allora risulta $f'(x_0) = f'(a) \geq 0$; se invece è $x_0 = b$ e f è *derivabile* in esso, risulta $f'(x_0) = f'(b) \leq 0$.

V) Se x_0 è *punto di massimo relativo* per f, *interno* al dominio e f è ivi *derivabile* allora risulta $f'(x_0) = 0$.

VI) Sia x_0 *punto di massimo relativo* per f di dominio $[a, b]$. Se $x_0 = a$ e f è *derivabile* in esso, allora risulta $f'(x_0) = f'(a) \leq 0$; se invece è $x_0 = b$ e f è *derivabile* in esso, risulta $f'(x_0) = f'(b) \geq 0$.

Le informazioni poi fornite dall'operazione di limite di cui abbiamo parlato sempre nel libro "Limiti e continuità", paragrafo 2.5, applicate alla funzione *rapporto incrementale* della funzione f relativa al punto x_0, ci permettono di concludere:

I') Se in un punto x_0 del dominio di una funzione f quest'ultima è *derivabile* e risulta $f'(x_0) > 0$ allora x_0 è *punto di crescenza* per f.

II') Se in un punto x_0 del dominio di una funzione f quest'ultima è *derivabile* e risulta $f'(x_0) < 0$ allora x_0 è *punto di decrescenza* per f.

Riassumendo possiamo concludere:

– Data una funzione *derivabile* $f : y = f(x)$, $x \in A \subseteq \mathbb{R} \subset \widetilde{\mathbb{R}}$ nei punti $x \in A$ che sono *soluzioni* della disequazione $f'(x) > 0$, la f è *crescente*; in quelli che sono *soluzioni* della disequazione $f'(x) < 0$ la f è *descrescente*; per i punti $x \in A$ che sono *soluzioni* dell'equazione $f'(x) = 0$ in generale nulla si può dire; possono essere:

  – punti di crescenza

  – punti di decrescenza

  – punti di minimo relativo

  – punti di massimo relativo

  – *nessuna* delle situazioni dette si *verifica*

Diamo un esempio di punto che verifica quest'ultima eventualità.

Esempio 1.10 *Consideriamo la funzione*

$$f : y = f(x) = \begin{cases} x^2 \cdot \sin \frac{1}{x} & , x \in (-\infty, 0) \cup (0, +\infty) \\ 0 & , x = 0 \end{cases}$$

Applicando la definizione di derivata, si trova che $f'(0) = 0$ eppure è facile convincersi che il punto $x_0 = 0$ non verifica nessuna delle quattro situazioni sopra elencate.

Le conclusioni a cui siamo giunti hanno come conseguenza tre teoremi famosi che andiamo ad enunciare.

Teorema 1.8 - *Teorema di Rolle*
  Data una funzione $f : y = f(x)$, $x \in A \subseteq \mathbb{R} \subset \widetilde{\mathbb{R}}$
  se:

1. *$A = [a, b]$*

2. *f è continua*

3. *f è derivabile in (a, b)*

4. *$f(a) = f(b)$*

allora
  esiste almeno *un punto $\xi \in (a, b)$ tale che $f'(\xi) = 0$.*

   Dimostrazione
Le ipotesi 1. e 2., per il teorema di Weierstrass, assicurano che f è dotata
di minimo assoluto m e di massimo assoluto M. Denotiamo allora con ξ
e η rispettivamente un punto di minimo e un punto di massimo assoluto.
   Se ξ e η coincidono con gli estremi dell'intervallo, per l'ipotesi 4.,
essendo $m = M$ la funzione è costante e quindi ogni punto dell'intervallo
verifica la tesi.
   Se almeno uno dei due punti ξ e η è interno all'intervallo, ad esempio
ξ, poiché esso è punto di minimo assoluto, è anche punto di minimo
relativo (interno) e quindi essendo f derivabile in esso (ipotesi 3.) risulta
$f'(\xi) = 0$.
                                                                    c.v.d.

   Tale teorema ci permette di dimostrare il *Teorema di Lagrange.*

Teorema 1.9 - *Teorema di Lagrange (o del valor medio)* *Data
una funzione $f : y = f(x)$, $x \in A \subseteq \mathbb{R} \subset \widetilde{\mathbb{R}}$*
  se:

1. *$A = [a, b]$*

2. *f è continua*

3. *f è derivabile in (a, b)*

allora

   esiste almeno *un punto* $\xi \in (a, b)$ *tale che*

$$f(b) - f(a) = f'(\xi) \cdot (b - a). \tag{1.24}$$

Dimostrazione
Dimostrare la (1.24) è lo stesso che dimostrare la

$$f(b) - f(a) - f'(\xi) \cdot (b - a) = 0 \tag{1.25}$$

Poiché il primo membro della (1.25) è la derivata calcolata nel punto $\xi \in (a, b)$ della funzione

$$\varphi : y = \varphi(x) = [f(b) - f(a)] \cdot x - f(x) \cdot (b - a) \quad , \quad x \in [a, b],$$

per dimostrare la (1.25) basta far vedere che esiste almeno un punto $\xi \in (a, b)$ tale che risulti $\varphi'(\xi) = 0$.

Ciò è però immediato perché la φ, verificando le ipotesi del *teorema di Rolle*, ne verifica la tesi, che è appunto la (1.25).

c.v.d.

Tale teorema ha una semplice interpretazione geometrica.
Diamola!
Se scriviamo la (1.24) cosí:

$$\frac{f(b) - f(a)}{b - a} = f'(\xi) \tag{1.26}$$

poiché il primo membro di essa è il coefficiente angolare della retta determinata dai punti $A(a, f(a))$ e $B(b, f(b))$ ed il secondo membro è il coefficiente angolare della retta tangente al diagramma nel punto $P(\xi, f(\xi))$, possiamo dire:

   – sotto le ipotesi poste, esiste almeno un punto P del diagramma della f tale che la retta tangente al diagramma in tale punto è parallela alla retta determinata dagli estremi A e B del diagramma:

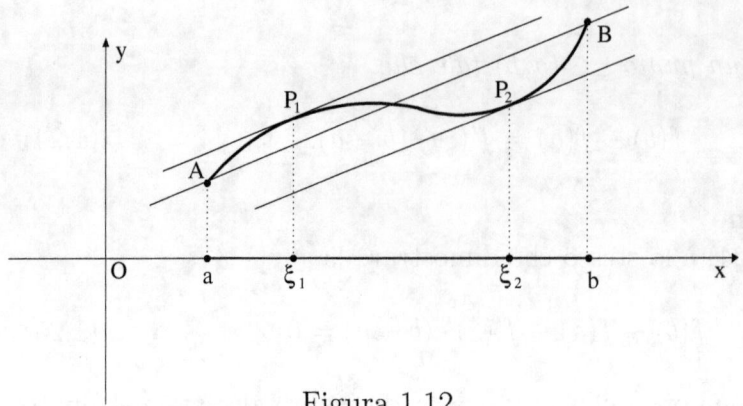

Figura 1.12

Di tale teorema sono però importanti soprattutto le conseguenze (corollari); vediamo quali:

Corollario 1.9.1 *Data una funzione* $f : y = f(x)$, $x \in A \subseteq \mathbb{R} \subset \widetilde{\mathbb{R}}$
  se:

  1. *A è un intervallo*

  2. *f è derivabile e* $\forall x \in A$ *risulta* $f'(x) = 0$

allora
  f è costante.

Dimostrazione

Sia x_0 un fissato punto di A e x il generico punto di esso $\neq x_0$. La restrizione di f avente per dominio l'intervallo di estremi x_0 e x verifica le ipotesi del *teorema di Lagrange* e quindi la tesi.

Possiamo allora scrivere

$$f(x) - f(x_0) = f'(\xi) \cdot (x - x_0) \quad \text{se è } x > x_0$$

e

$$f(x_0) - f(x) = f'(\xi) \cdot (x_0 - x) \quad \text{se è } x_0 > x \quad ;$$

in entrambi i casi, essendo nullo il secondo membro per l'ipotesi 2., segue che è $f(x) = f(x_0)$ e quindi tutti i punti di A hanno la stessa immagine e pertanto la funzione è costante.
                                                                   c.v.d.

Se il dominio A non fosse un intervallo, la sola ipotesi 2. non assicurerebbe la tesi, come mostra il seguente diagramma:

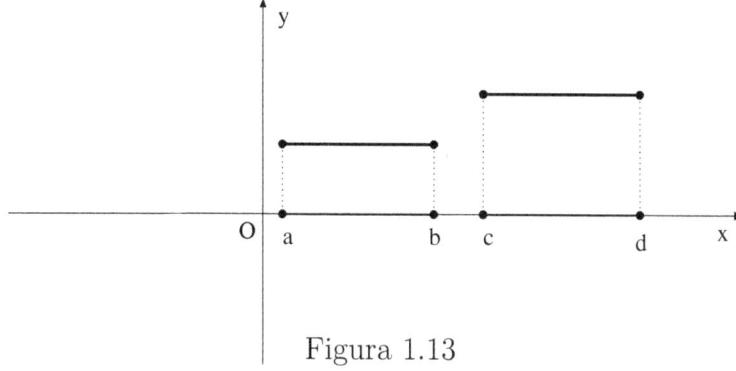

Figura 1.13

Corollario 1.9.2 *Date due funzioni f e g aventi lo stesso dominio A, se:*

1. *A è un intervallo*

2. *f e g sono derivabili con $f'(x) = g'(x)$, $\forall x \in A$*

allora
   $g : y = g(x) = f(x) + c$, $x \in A$, con c costante.

Dimostrazione
Siccome f e g hanno lo stesso dominio, si può costruire la funzione:

$$D \; : y = D(x) = g(x) - f(x) \qquad , \quad x \in A$$

la quale è derivabile perché differenza di funzioni derivabili e per l'ipotesi 2. risulta:

$$D' \; : y = D'(x) = g'(x) - f'(x) = 0 \quad , \quad x \in A$$

quindi, per il *Corollario 1.9.1*, si ha che la funzione D è costante e pertanto segue la tesi.

                                                        c.v.d.

Corollario 1.9.3 *Data una funzione continua f avente per dominio un intervallo A e derivabile nei punti interni*, condizione necessaria e sufficiente *affinché sia monotòna crescente è che:*

1. *risulti* $f'(x) \geq 0$, $\forall x \in \mathring{A}$(insieme dei punti interni ad A)

2. *non esista alcun intervallo I contenuto in A nei punti x del quale risulti:* $f'(x) = 0$.

Dimostrazione

Necessità - Poichè f è monotòna crescente, è crescente in ogni punto di A e quindi di $\mathring{A}$; essendo poi f derivabile in ogni punto di $\mathring{A}$, per la conclusione I) del paragrafo 1.13, la 1. è verificata. Anche la 2. lo è; se non lo fosse, la restrizione di f avente per dominio I, per il *Corollario 1.9.1*, sarebbe costante. Ciò è però assurdo perché essendo f crescente sono tali tutte le sue restrizioni e quindi anche quella di dominio I.

Sufficienza - Comunque si prendano due punti $x_1, x_2 \in A$ con $x_1 < x_2$, la restrizione di f avente per dominio l'intervallo $[x_1, x_2]$ verifica le ipotesi del *teorema di Lagrange* e quindi la tesi, cioè

$$f(x_2) - f(x_1) = f'(\xi) \cdot (x_2 - x_1) \quad \text{con } \xi \in (x_1, x_2).$$

Essendo poi per ipotesi $f'(\xi) \geq 0$, lo è anche il secondo membro dell'uguaglianza scritta e quindi il primo; da qui segue che è $f(x_1) \leq f(x_2)$ e quindi, data l'arbitrarietà di x_1 e x_2, f è *monotòna non decrescente*.

Se riusciamo a provare che è anche $f(x_1) \neq f(x_2)$ abbiamo dimostrato che f è *monotòna crescente*.

Ragioniamo per assurdo. Se esistesse una coppia x_1 e x_2 di punti di A con $x_1 < x_2$ tali da risultare $f(x_1) = f(x_2)$, dovendo ogni $x \in (x_1, x_2)$ avere l'immagine compresa tra $f(x_1)$ e $f(x_2)$, poiché f è monotòna non decrescente, la restrizione di f di dominio $[x_1, x_2]$ sarebbe costante e quindi risulterebbe $f'(x) = 0$, $\forall x \in [x_1, x_2]$; ciò è però assurdo per l'ipotesi 2.

c.v.d.

Corollario 1.9.4 *Data una funzione f continua, avente per dominio un intervallo A e derivabile nei punti interni,* condizione necessaria e sufficiente *affinché sia monotòna decrescente è che:*

1. *risulti* $f'(x) \leq 0$, $\forall x \in \mathring{A}$*(insieme dei punti interni ad A)*

2. *non esista alcun intervallo I contenuto in A nei punti x del quale risulti:* $f'(x) = 0$.

   Dimostrazione
Poiché la dimostrazione è simile a quella del *Corollario 1.9.3*, viene lasciata come esercizio allo Studente.

                                                                   c.v.d.

Teorema 1.10 - *Teorema di Cauchy (o degli accrescimenti finiti)*
   Date due funzioni f e g aventi lo stesso dominio $A \subseteq \mathbb{R} \subset \widetilde{\mathbb{R}}$
   se:

1. $A = [a, b]$

2. *f e g sono continue*

3. *f e g sono derivabili in* $(a.b)$

4. $\forall x \in (a, b)$ *risulta* $g'(x) \neq 0$

allora
   esiste almeno *un punto* $\xi \in (a, b)$ *tale che*

$$\frac{f(b) - f(a)}{g(b) - g(a)} = \frac{f'(\xi)}{g'(\xi)} \tag{1.27}$$

   Dimostrazione
Articoliamo la dimostrazione in due parti: nella *prima parte* facciamo vedere che entrambi i membri della (1.27) hanno senso; nella *seconda,* che sono eguali tra loro.
   Per quanto riguarda la *prima parte*: il secondo membro della (1.27) ha senso per l'ipotesi 4.; il primo membro perché è sicuramente $g(b) \neq g(a)$

in quanto se fosse $g(b) = g(a)$, la g verificherebbe le ipotesi del *teorema di Rolle* e quindi la tesi; ciò però sarebbe in contrasto con l'ipotesi 4.

Per quanto riguarda la *seconda parte*, si ragiona come nella dimostrazione del *teorema di Lagrange*. L'unica variante è che la funzione φ in questo caso è:

$$\varphi : y = \varphi(x) = [f(b) - f(a)] \cdot g(x) - [g(b) - g(a)] \cdot f(x) \, , \ x \in [a, b]$$

Con tale suggerimento invitiamo lo Studente a terminare la dimostrazione in tutti i suoi dettagli.

$$\textbf{c.v.d.}$$

Ci chiediamo ora. a che serve il *teorema di Cauchy?*
Andiamo a vedere!

1.14   Regola di De l'Hospital

Nel libro "Limiti e continuità" abbiamo visto che, quando si effettua un'operazione di limite, si possono presentare *sette casi di indecidibilità* che, per comodità dello Studente, trascriviamo di nuovo:

$$\frac{0}{0} \, , \ \frac{\pm\infty}{\pm\infty} \, , \ 0 \cdot (\pm\infty) \, , \ +\infty - \infty \, , \ 0^0 \, , \ +\infty^0 \, , \ 1^{\pm\infty}.$$

Abbiamo anche detto che questa circostanza dipende dal fatto che la "formula" mediante la quale è stata assegnata la legge d'associazione della funzione non permette di vedere con chiarezza come si dispongono nell'insieme d'arrivo, le immagini dei punti del dominio "vicini" al punto d'accumulazione fissato nell'operazione di limite.

Finora, quando ci siamo trovati in tali situazioni, i mezzi di cui disponevamo per effettuare l'operazione di limite erano questi:

- rappresentare la legge d'associazione della funzione per mezzo di un'altra "formula"

- servirsi del *teorema dei carabinieri*

- utilizzare il *principio di sostituzione degli infinitesimi e degli infiniti*

Il *teorema di Cauchy* ci consente di dimostrare due teoremi dovuti a De l'Hospital dai quali scaturisce un'altra *tecnica* per effettuare l'operazione di limite, quando ci troviamo in presenza di uno dei due seguenti *casi di indecidibilità*: $\frac{0}{0}$, $\frac{\pm\infty}{\pm\infty}$. Tale tecnica è nota come *regola di De l'Hospital.*

Teorema 1.11 *Data una funzione $\frac{f}{g}$ avente per dominio un intervallo A privato di un punto x_0,*

   se:

  1. *per $x \to x_0$ f e g sono entrambe infinitesimi o infiniti*

  2. *f e g sono entrambi derivabili con $g'(x) \neq 0$, $\forall x \in A - \{x_0\}$*

  3. *esiste $\lim\limits_{x \to x_0} \frac{f'(x)}{g'(x)}$*

allora

   esiste $\lim\limits_{x \to x_0} \dfrac{f(x)}{g(x)}$ ed ha lo stesso valore del limite anteriore.

Teorema 1.12 *Data una funzione $\frac{f}{g}$ avente per dominio un intervallo illimitato (ad esempio superiormente) A,*

   se:

  1. *per $x \to +\infty$ f e g sono entrambe infinitesimi o infiniti*

  2. *f e g sono entrambi derivabili con $g'(x) \neq 0$, $\forall x \in A$*

  3. *esiste $\lim\limits_{x \to +\infty} \frac{f'(x)}{g'(x)}$*

allora

   esiste $\lim\limits_{x \to +\infty} \dfrac{f(x)}{g(x)}$ ed ha lo stesso valore del limite anteriore.

Come è facile immaginarsi, le dimostrazioni di tali teoremi sono piuttosto lunghe, perché occorre distinguere, in entrambi i teoremi se siamo in presenza del *caso di indecidibilità* $\frac{0}{0}$ oppure $\frac{\pm\infty}{\pm\infty}$.

Per brevità, ci limitiamo a dimostrare il *teorema 1.11* nel caso che le funzioni *f* e *g* siano entrambe infinitesime, tanto per toccare con mano il

ruolo che il *teorema di Cauchy* gioca nella dimostrazione di tali teoremi.
Per la dimostrazione completa di essi, invitiamo lo Studente interessato
a leggere un qualunque testo di Analisi Matematica.

Dimostrazione

Poiché f e g sono entrambe infinitesime per $x \to x_0$ quest'ultimo è punto
singolare eliminabile per entrambe. Eliminiamolo allora e costruiamo le
funzioni:

$$f^* : y = f^*(x) = \begin{cases} f(x) & , x \in A - \{x_0\} \\ 0 & , x = x_0 \end{cases}$$

e

$$g^* : y = g^*(x) = \begin{cases} g(x) & , x \in A - \{x_0\} \\ 0 & , x = x_0 \end{cases}$$

che sono continue in x_0.

Se consideriamo un qualunque punto $x \in A$ e $\neq x_0$, le restrizioni di f^*
e g^* aventi per dominio l'intervallo di estremi x_0 e x, verificano le ipotesi
del *teorema di Cauchy* e quindi possiamo scrivere:

$$\frac{f^*(x) - f^*(x_0)}{g^*(x) - g^*(x_0)} = \frac{(f^*)'(\xi)}{(g^*)'(\xi)}$$

con ξ interno all'intervallo di estremi x_0 e x

Tenendo presente come sono state definite f^* e g^*, l'uguaglianza
precedente può essere scritta cosí:

$$\frac{f(x)}{g(x)} = \frac{f'(\xi)}{g'(\xi)}$$

e quindi, effettuando l'operazione di limite per $x \to x_0$, si ha:

$$\lim_{x \to x_0} \frac{f(x)}{g(x)} = \lim_{x \to x_0} \frac{f'(\xi)}{g'(\xi)} = \lim_{\xi \to x_0} \frac{f'(\xi)}{g'(\xi)}$$

c.v.d.

Poiché per fare un commento esauriente alla *regola di De l'Hospital*, abbiamo bisogno del concetto di derivate successive di una funzione,
passiamo ad esporre tale concetto.

1.15 Derivate successive di una funzione

Data una funzione $f : y = f(x)$, $x \in A \subseteq \mathbb{R} \subset \widetilde{\mathbb{R}}$ abbiamo visto che se è *derivabile*, a partire da essa, mediante l'operazione di derivazione si può costruire la funzione : $f' : y = f'(x)$, $x \in A \subseteq \mathbb{R} \subset \widetilde{\mathbb{R}}$ che abbiamo chiamato *funzione derivata* (o *funzione derivata prima*) della f.

Se la f' è a sua volta derivabile, possiamo costruire la sua funzione derivata che si denota con f'' e prende il nome di *funzione derivata seconda* della f.

Se la f'' è anche essa derivabile, ripetendo il procedimento, si può costruire la sua funzione derivata che si denota con f''' e si chiama *funzione derivata terza* della f e cosí via.

Se questo procedimento di derivazione successiva può applicarsi n volte, a partire dalla f si possono costruire oltre alla funzione *derivata prima f'*, la funzione *derivata seconda f''*, la funzione *derivata terza f'''*, ecc ... fino alla funzione *derivata n-esima* che si denota con $f^{(n)}$ e si chiama anche funzione *derivata di ordine n*.

Se il processo di derivazione non si arresta mai, si suol dire che la funzione f è dotata di derivate di *ordine comunque elevato*.

Le funzioni *logaritmo, esponenziale, seno, coseno, polinomiali, ecc ...* sono esempi di funzioni dotate di derivate di ordine comunque elevato.

Facciamo ora qualche commento alla *regola di De l'Hospital*.

1.16 Commenti alla regola di De l'Hospital

Cominciamo con una convenzione sulla notazione.

Quando dovremo effettuare l'operazione di limite $\lim\limits_{x \to x_0} \frac{f(x)}{g(x)}$ oppure $\lim\limits_{x \to \pm\infty} \frac{f(x)}{g(x)}$ ed utilizzeremo la *regola di De l'Hospital*, scriveremo:

$$\lim_{x \to x_0} \frac{f(x)}{g(x)} \overset{H}{=} \lim_{x \to x_0} \frac{f'(x)}{g'(x)} \quad \text{oppure} \quad \lim_{x \to \pm\infty} \frac{f(x)}{g(x)} \overset{H}{=} \lim_{x \to \pm\infty} \frac{f'(x)}{g'(x)}$$

Facciamo ora i nostri commenti!

I) L'esistenza del limite del rapporto delle derivate costituisce una *condizione sufficiente* ma *non necessaria* per l'esistenza del limite del rapporto delle funzioni. In altre parole può accadere che esista $\lim\limits_{x \to x_0} \frac{f(x)}{g(x)}$ senza che esista $\lim\limits_{x \to x_0} \frac{f'(x)}{g'(x)}$.

Per convincerci di ciò consideriamo i seguenti esempi:

Esempio 1.11

$$\lim_{x \to +\infty} \frac{f(x)}{g(x)} = \lim_{x \to +\infty} \frac{x + \sin x}{x} = \lim_{x \to +\infty} \frac{x}{x} = 1 \quad mentre$$

$$\lim_{x \to +\infty} \frac{f'(x)}{g'(x)} = \lim_{x \to +\infty} \frac{(x + \sin x)'}{x'} = \lim_{x \to +\infty} \frac{1 + \cos x}{1} \quad non \; esiste$$

Esempio 1.12

$$\lim_{x \to 0} \frac{f(x)}{g(x)} = \lim_{x \to 0} \frac{x^2 \cdot \sin \frac{1}{x}}{x} = \lim_{x \to 0} (x \cdot \sin \frac{1}{x}) = 0 \quad mentre$$

$$\lim_{x \to 0} \frac{f'(x)}{g'(x)} = \lim_{x \to 0} \frac{(x^2 \cdot \sin \frac{1}{x})'}{x'} = \lim_{x \to 0} \frac{2x \cdot \sin \frac{1}{x} - \cos \frac{1}{x}}{1} \quad non \; esiste$$

II) La *regola di De l'Hospital* ci permette di dimostrare il seguente teorema:

Teorema 1.13 *Data una funzione f avente per dominio un intervallo A sia x_0 un punto di A. Se*

    1. f è continua in A,

    2. f è derivabile in $A - \{x_0\}$

    3. esiste finito $\lim\limits_{x \to x_0} f'(x)$

allora

f è derivabile anche nel punto x_0 e risulta $f'(x_0) = \lim\limits_{x \to x_0} f'(x)$.

Dimostrazione

Basta applicare la *regola di De l'Hospital* per calcolare il limite della funzione rapporto incrementale relativa al punto x_0; si ha:

$$\lim_{x \to x_0} \frac{f(x) - f(x_0)}{x - x_0} \overset{H}{=} \lim_{x \to x_0} \frac{(f(x) - f(x_0))'}{x'} = \lim_{x \to x_0} f'(x)$$

c.v.d.

Per *l'osservazione I)*, può accadere che f sia derivabile nel punto x_0 pur non esistendo il $\lim\limits_{x \to x_0} f'(x)$.

Per convincerci di ciò basta considerare il seguente esempio:

Esempio 1.13

$$f : y = f(x) = \begin{cases} x^2 \cdot \sin \frac{1}{x} & , \quad x \in (-\infty, 0) \cup (0, +\infty) \\ 0 & , \quad x = 0 \end{cases}$$

Tale funzione è derivabile nel punto $x_0 = 0$ e risulta $f'(0) = 0$ pur non esistendo il limite per $x \to 0$ della derivata della restrizione di f avente dominio $(-\infty, 0) \cup (0, +\infty)$.

III) Può accadere che applicando la *regola di De l'Hospital* alla funzione $\frac{f}{g}$ anche la funzione $\frac{f'}{g'}$ presenti un caso di indecidibilità del tipo $\frac{0}{0}$ oppure $\frac{\pm\infty}{\pm\infty}$. Se esistono le *derivate seconde* di f e g e sono verificate le ipotesi di applicabilità della *regola di De l'Hospital*, si può effettuare l'operazione di limite su $\frac{f''}{g''}$ e così via, fino a quando non si perviene al risultato:

$$\lim_{x \to x_0} \frac{f(x)}{g(x)} \overset{H}{=} \lim_{x \to x_0} \frac{f'(x)}{g'(x)} \overset{H}{=} \lim_{x \to x_0} \frac{f''(x)}{g''(x)} \overset{H}{=} \cdots = l$$

IV) L'applicazione della *regola di De l'Hospital* permette di giungere rapidamente ai seguenti risultati che abbiamo già anticipato nel libro "Limiti e continuità" paragrafo 2.20:

$$a) \quad \lim_{x \to 0^+} \frac{\log x}{\frac{1}{x^\alpha}} \quad (\text{con } \alpha > 0) = 0 \qquad (1.28)$$

$$b) \quad \lim_{x \to +\infty} \frac{\log x}{x^\alpha} \quad (\text{con } \alpha > 0) = 0 \qquad (1.29)$$

$$c) \quad \lim_{x \to +\infty} \frac{e^x}{x^\alpha} \quad (\text{con } \alpha > 0) = +\infty \qquad (1.30)$$

Vediamo come!

a)

$$\lim_{x \to 0^+} \frac{\log x}{\frac{1}{x^\alpha}} = \lim_{x \to 0^+} \frac{\log x}{x^{-\alpha}} \overset{H}{=} \lim_{x \to 0^+} \frac{\frac{1}{x}}{-\alpha \cdot x^{-\alpha - 1}} =$$

$$= \lim_{x \to 0^+} \frac{1}{-\alpha \cdot x^{-\alpha}} = - \lim_{x \to 0^+} \frac{x^\alpha}{\alpha} = 0$$

Conclusione:

- la funzione logaritmo per $x \to 0$ è un *infinito di ordine inferiore* rispetto a qualunque potenza (con esponente positivo) di $\frac{1}{x}$.

b) $\quad \lim_{x \to +\infty} \frac{\log x}{x^\alpha} \overset{H}{=} \lim_{x \to +\infty} \frac{\frac{1}{x}}{\alpha \cdot x^{\alpha - 1}} = \lim_{x \to +\infty} \frac{1}{\alpha \cdot x^\alpha} = 0$

Conclusione:

- la funzione logaritmo per $x \to +\infty$ è un *infinito di ordine inferiore* rispetto a qualunque potenza (con esponente positivo) di x.

c) $\quad \lim_{x \to +\infty} \frac{e^x}{x^\alpha} \overset{H}{=} \lim_{x \to +\infty} \frac{e^x}{\alpha \cdot x^{\alpha - 1}};$

se è $\alpha - 1 \leq 0$ tale limite è $+\infty$;

se è $\alpha - 1 > 0$ si applica di nuovo la *regola di De l'Hospital* e si ottiene

$$\overset{H}{=} \lim_{x \to +\infty} \frac{e^x}{\alpha \cdot (\alpha - 1) \cdot x^{\alpha - 2}};$$

se è $\alpha - 2 \leq 0$ tale limite è $+\infty$;

se è $\alpha - 2 > 0$ si applica di nuovo la *regola di De l'Hospital*;

in ogni caso si giunge alla *conclusione*:

        - la funzione esponenziale per $x \to +\infty$ è un *infinito di ordine superiore* a qualunque potenza (con esponente positivo) di x

V) La *regola di De l'Hospital* va utilizzata con molto giudizio altrimenti può verificarsi quanto accade nel seguente esempio:

Esempio 1.14

$$\lim_{x \to +\infty} \frac{f(x)}{g(x)} = \lim_{x \to +\infty} \frac{e^{-x}}{\frac{1}{x}} = \frac{0}{0}$$

$$\lim_{x \to +\infty} \frac{f'(x)}{g'(x)} = \lim_{x \to +\infty} \frac{e^{-x}}{\frac{1}{x^2}} = \frac{0}{0}$$

$$\lim_{x \to +\infty} \frac{f''(x)}{g''(x)} = \lim_{x \to +\infty} \frac{e^{-x}}{\frac{2}{x^3}} = \frac{0}{0}$$

$$e\ \text{così di seguito...}$$

Se invece rappresentiamo le legge d'associazione della funzione per mezzo di quest'altra formula: $y = \frac{x}{e^x}$ *, la (1.30) ci dà la risposta: il limite esiste e vale 0.*

Prima di cercare altre informazioni per disegnare il diagramma di una funzione, diamo un cenno dell'operazione inversa a quella di derivazione: l'*operazione di integrazione indefinita*.

1.17   Operazione di integrazione indefinita

Partiamo da una definizione!

Definizione di primitiva
Data una funzione f avente per dominio un *intervallo* A, si chiama *primitiva* di essa ogni funzione derivabile F, avente anche essa per *dominio* A, la quale goda della seguente proprietà:

$$F' = f \qquad\qquad (1.31)$$

Da tale definizione segue:

– Se F è *primitiva* di f, è tale ogni altra funzione del tipo

$$F + c \quad , \quad \forall c \in \mathbb{R} \qquad \text{[12]} \tag{1.32}$$

Possiamo allora *concludere*:

– Se f è dotata di una primitiva F, allora essa è dotata di infinite primitive date dalla (1.32).

Ci chiediamo ora:

– La funzione f, di cui la funzione F è una primitiva, è dotata di qualche altra primitiva G oltre a quelle date dalla (1.32)? In altre parole può esistere qualche primitiva G che non può essere ottenuta da F sommandole una costante c?

Poiché comunque prendiamo due primitive F e G di f, esse soddisfano le ipotesi del *Corollario 1.9.2* del *teorema di Lagrange* allora ne verificano anche la tesi e quindi:

$$G \; : y = G(x) = F(x) + c \quad , \quad x \in A$$

La risposta alla nostra domanda è quindi negativa.
Concludendo possiamo allora dire:

– Se f è dotata di una primitiva F, allora è dotata di infinite primitive e la generica di esse è del tipo (1.32).

L'insieme delle infinite primitive di una funzione f (che ne è dotata) si chiama *integrale indefinito* di f e si denota con il simbolo

$$\int f(x) \; dx \tag{1.33}$$

che si legge "integrale di effe di x in di x".

---

[12] Infatti $(F + c)' = F' + c' = f + 0 = f$.

L'operazione che si effettua su di una data funzione f per ottenere il suo *integrale indefinito* si chiama *operazione di integrazione indefinita*.

Mentre l'*operazione di derivazione* associa ad ogni funzione derivabile f *una sola funzione* f' (cioè la sua funzione derivata), l'*operazione di integrazione indefinita* associa ad ogni funzione f (dotata di primitive) *un insieme infinito di funzioni*, cioè il suo integrale indefinito.

Il simbolo (1.33) anche se impropriamente viene di solito utilizzato per denotare la generica primitiva $F + c$ di f, cioè si scrive:

$$\int f(x)\, dx = F(x) + c \quad , \qquad \forall x \in A$$

ed anche noi ci atterremo a tale notazione.

Si pongono ora naturali tre domande:

I) quali sono le funzioni dotate di primitive?

II) come si trovano le primitive di una funzione che le ha?

III) a che serve conoscere le primitive di una funzione (che le ha)?

Le risposte alle domande I) e III) ci verranno dalla *teoria dell'integrazione* che esporremo nel libro "Integrazione delle funzioni reali di una variabile reale".

Diciamo tuttavia, a titolo di notizia, che sono sicuramente dotate di primitive le funzioni continue.

Per quanto riguarda la domanda II), diciamo subito che la ricerca delle primitive è in generale difficile; anche di questo ci occuperemo nel libro "Integrazione delle funzioni reali di una variabile reale".

Per terminare questi cenni vogliamo segnalare due proprietà delle primitive largamente utilizzate nella loro ricerca e raccogliere in una tabella le primitive di alcune funzioni.

1.18   Proprietà e tabella delle primitive

Le proprietà suddette sono:

1. Se F è una primitiva di f, allora $k \cdot F$ è primitiva di $k \cdot f$, $\forall k \in \mathbb{R}$; in simboli:

$$\int (k \cdot f)(x)\, dx = \int k \cdot f(x)\, dx = k \cdot \int f(x)\, dx$$

2. Siano f e g due funzioni tali da poter costruire le funzioni $f + g$ e $f - g$, cioè aventi lo stesso dominio A.
   Se F e G sono rispettivamente primitive di f e g allora $F + G$ e $F - G$ sono rispettivamente primitive di $f + g$ e $f - g$; in simboli:

$$\int (f + g)(x)\, dx = \int [f(x) + g(x)]\, dx = \int f(x)\, dx + \int g(x)\, dx$$

$$\int (f - g)(x)\, dx = \int [f(x) - g(x)]\, dx = \int f(x)\, dx - \int g(x)\, dx$$

La tabella preannunciata è:

Tabella delle primitive

$\int x^\alpha\, dx$ (con $\alpha \neq 1$) $= \frac{x^{\alpha+1}}{\alpha+1} + c$	
$\int \frac{1}{x}\, dx = \log|x| + c$	$\int e^x\, dx = e^x + c$
$\int \cos x\, dx = \sin x + c$	$\int \sin x\, dx = -\cos x + c$
$\int \frac{1}{\cos^2 x}\, dx = \tan x + c$	$\int \frac{1}{\sin^2 x}\, dx = -\cotan x + c$
$\int \frac{1}{\sqrt{1-x^2}}\, dx = \arcsin x + c$	$\int \frac{1}{1+x^2}\, dx = \arctan x + c$
$\int \cosh x\, dx = \sinh x + c$	$\int \sinh x\, dx = \cosh x + c$
$\int \frac{1}{\cosh^2 x}\, dx = \tanh x + c$	$\int \frac{1}{\sinh^2 x}\, dx = \cotanh x + c$

Per fissare le idee, diamo un esempio di calcolo di primitive.

Esempio 1.15

$$\int (3x^2 + x - 5)\ dx = \text{per la proprietà 2.} =$$

$$= \int 3x^2\ dx + \int x\ dx - \int 5\ dx = \text{per la proprietà 1.} =$$

$$= 3 \cdot \int x^2\ dx + \int x\ dx - 5 \cdot \int 1\ dx =$$

$$= \left(3 \cdot \frac{x^3}{3} + c_1\right) + \left(\frac{1}{2}x^2 + c_2\right) - (5 \cdot x + c_3) =$$

$$= x^3 + \frac{1}{2}x^2 - 5x + (c_1 + c_2 + c_3) = x^3 + \frac{1}{2}x^2 - 5x + c$$

Ha capito ciò che abbiamo fatto? Se ha capito, deve rendersi conto che:

$$\int (a_0 x^n * a_1 x^{n-1} + a_2 x^{n-2} + \cdots + a_{n-1}x + a_n)\ dx =$$

$$= \frac{a_0}{n+1}x^{n+1} + \frac{a_1}{n}x^n + \frac{a_2}{n-1}x^{n-1} + \cdots + \frac{a_{n-1}}{2}x^2 + a_n x + c.$$

Riprendiamo ora la nostra ricerca di informazioni per poter disegnare il diagramma di una funzione.

1.19 Funzioni convesse, concave e punti di flesso

Data una funzione derivabile f avente per dominio un intervallo A, se il segno di $f'(x)$ ci informa ad esempio che f è *monotòna crescente*, non siamo in condizioni di disegnare il diagramma perché non possiamo decidere quale dei seguenti diagrammi di funzioni *monotòne crescenti* sia quello della funzione in istudio:

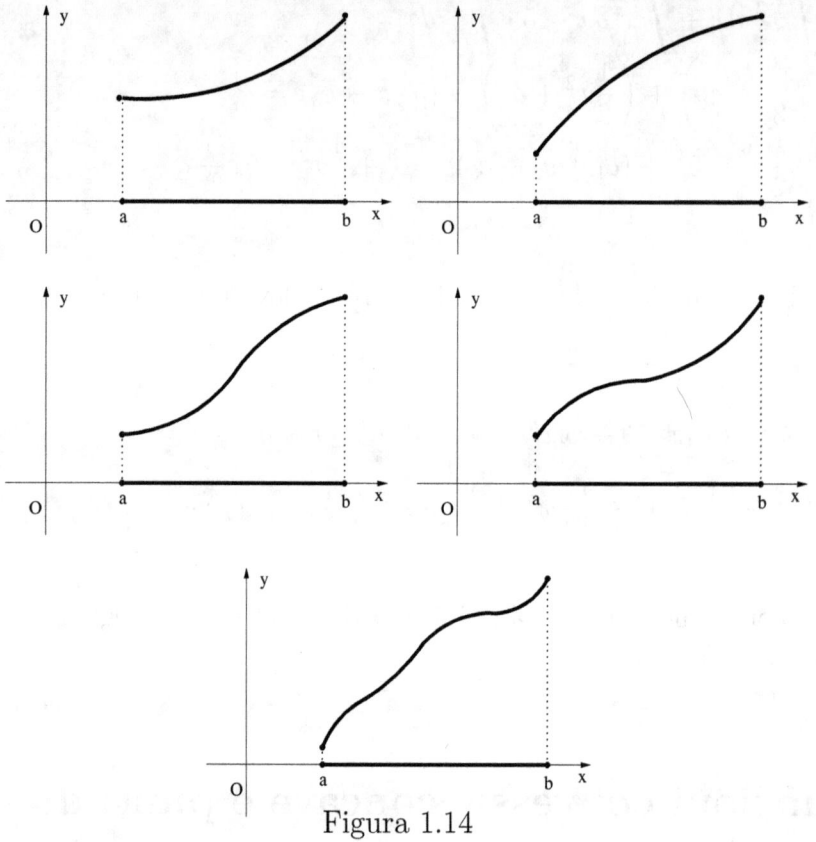

Figura 1.14

Vediamo se è possibile strappare alla derivata qualche altra informazione!

Partiamo da due definizioni!

Definizione di funzione convessa

Data una funzione *derivabile* f avente per dominio un intervallo A, si dice che essa è una *funzione convessa* se comunque si scelga un punto $x_0 \in A$, il diagramma della f si trova *al di sopra* della retta tangente al diagramma nel punto $P_0(x_0, f(x_0))$.

In simboli:

$$\forall x_0 \in A \Rightarrow f(x) > f(x_0) + f'(x_0) \cdot (x - x_0) \quad , x \in A - \{x_0\} \quad (1.34)$$

Illustriamo la definizione data con un diagramma:

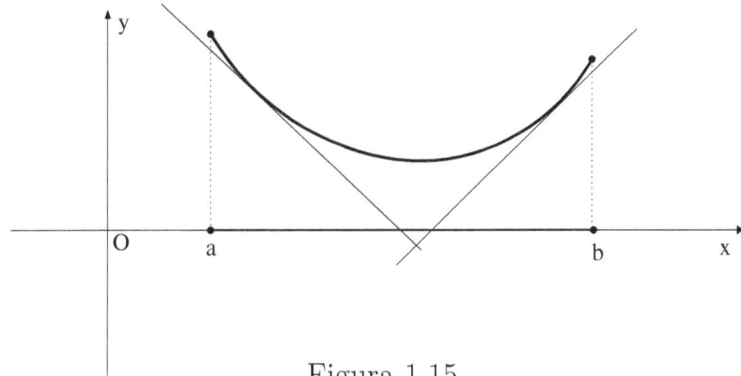

Figura 1.15

Definizione di funzione concava

Data una funzione *derivabile* f avente per dominio un intervallo A, si dice che essa è una *funzione concava* se comunque si scelga un punto $x_0 \in A$, il diagramma della f si trova *al di sotto* della retta tangente al diagramma nel punto $P_0(x_0, f(x_0))$.

In simboli:

$$\forall x_0 \in A \Rightarrow f(x) < f(x_0) + f'(x_0) \cdot (x - x_0) \quad , x \in A - \{x_0\} \quad (1.35)$$

Illustriamo la definizione data con un diagramma:

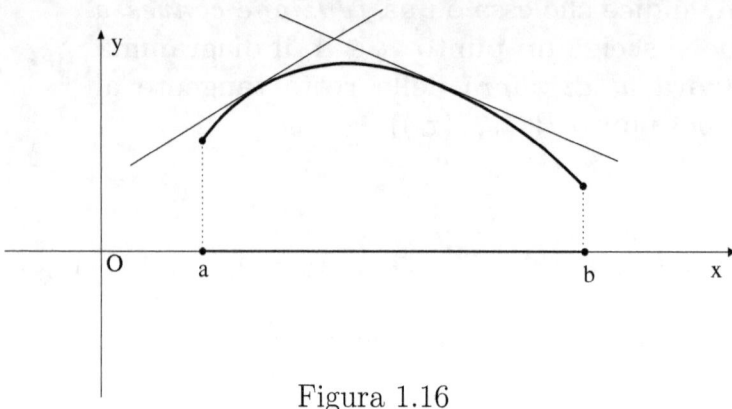

Figura 1.16

Ci chiediamo ora: di che proprietà deve godere la f' affinchè la f sia *convessa* oppure *concava*?

Le risposte ce le forniscono i seguenti teoremi:

Teorema 1.14 *Condizione necessaria e sufficiente affinché una funzione derivabile f avente per dominio un intervallo A sia* convessa *è che f'* *sia* monotòna crescente.

Teorema 1.15 *Condizione necessaria e sufficiente affinché una funzione derivabile f avente per dominio un intervallo A sia* concava *è che f'* *sia* monotòna decrescente.

Siccome le dimostrazioni dei due teoremi sono dello stesso tipo, ci limitiamo a dimostrare il *teorema 1.14*, lasciando la dimostrazione del *teorema 1.15* come esercizio allo Studente.

Dimostrazione

(del teorema 1.14)

Necessità Ammesso che f sia *convessa*, che verifichi cioè la (1.34) allora f' è *monotòna crescente*.

Per provare che f' è *monotòna crescente* occorre far vedere che , comunque si prendano due punti distinti x_1 e x_2 di A, $x_1 - x_2$ e $f'(x_1) - f'(x_2)$ hanno lo stesso segno, cioè:

$$[f'(x_1) - f'(x_2)] \cdot (x_1 - x_2) > 0 \tag{1.36}$$

Se poniamo nella (1.34) (verificata per ipotesi) successivamente $x_0 = x_1$ e $x = x_2$ e poi $x_0 = x_2$ e $x = x_1$, otteniamo nei due casi:

$$f(x_2) > f(x_1) + f'(x_1) \cdot (x_2 - x_1)$$

e

$$f(x_1) > f(x_2) + f'(x_2) \cdot (x_1 - x_2)$$

Da tali disuguaglianze seguono queste altre:

$$f(x_1) - f(x_2) < f'(x_1) \cdot (x_1 - x_2)$$

e

$$f(x_1) - f(x_2) > f'(x_2) \cdot (x_1 - x_2)$$

e da queste ultime che:

$$f'(x_2) \cdot (x_1 - x_2) < f'(x_1) \cdot (x_1 - x_2) \ .$$

Trasportando nell'ultima disuguaglianza scritta tutto al secondo membro si ottiene la (1.36).

Sufficienza Ammesso che f' sia monotòna crescente, cioè valga la (1.36), allora f è *convessa*, cioè vale la (1.34).

Per provare la (1.34), che possiamo anche scrivere cosí:

$$f(x) - f(x_0) - f'(x_0) \cdot (x - x_0) > 0 \tag{1.37}$$

basta far vedere che il primo membro della (1.37) è positivo per ogni $x \in A$ e $\neq x_0$.

Poiché comunque si prendano x_0 e x in A, purché tra loro distinti, la *restrizione* della f avente per dominio l'intervallo di estremi x_0 e x, verifica le ipotesi del *teorema di Lagrange*, possiamo scrivere il primo membro della (1.37) cosí:

$$f(x) - f(x_0) - f'(x_0) \cdot (x - x_0) =$$
$$f'(\xi) \cdot (x - x_0) - f'(x_0) \cdot (x - x_0) = [f'(\xi) - f'(x_0)] \cdot (x - x_0)$$

con ξ interno all'intervallo di estremi x_0 e x.

Siccome $x - x_0$ e $\xi - x_0$ hanno lo stesso segno, essendo per la (1.36) $[f'(\xi) - f'(x_0)] \cdot (\xi - x_0) > 0$ è maggiore di 0 anche $[f'(\xi) - f'(x_0)] \cdot (x - x_0)$ e pertanto la (1.37) è provata.

c.v.d.

Se f è dotata di derivata seconda in $\overset{\circ}{A}$, dal *teorema 1.14* e dal *corollario 1.9.3* del teorema di Lagrange segue quest'altro teorema:

Teorema 1.16 *Condizione* necessaria e sufficiente *affinché una funzione f avente per dominio un intervallo A e dotata di derivata seconda in $\overset{\circ}{A}$ sia* convessa *è che :*

1. $\forall x \in \overset{\circ}{A}$ *risulti* $f''(x) \geq 0$

2. *non esista alcun intervallo contenuto in $\overset{\circ}{A}$ nei punti x del quale risulti* $f''(x) = 0$.

Analogamente dal *Teorema 1.15* e dal *corollario 1.9.4* del teorema di Lagrange, segue quest'altro teorema:

Teorema 1.17 *Condizione* necessaria e sufficiente *affinché una funzione f avente per dominio un intervallo A e dotata di derivata seconda in $\overset{\circ}{A}$ sia* concava *è che:*

1. $\forall x \in \overset{\circ}{A}$ *risulti* $f''(x) \leq 0$

2. *non esista alcun intervallo I contenuto in Å nei punti x del quale risulti* $f''(x) = 0$.

Ci resta ora una definizione da dare: quella di *punto di flesso* ed abbiamo cosí tutte le informazioni indispensabili per disegnare il diagramma di una funzione.

Diamola allora!

Definizione di punto di flesso
Data una funzione f avente per dominio un intervallo A, sia x_0 un punto interno ad A. Si dice che f ha in x_0 un *punto di flesso* se esiste un intorno di $x_0 : I(x_0, \rho)$ tale che:

1. **le restrizioni di f aventi per dominio rispettivamente $(x_0 - \rho, x_0)$ e $(x_0, x_0 + \rho)$ siano entrambe *derivabili* e l'una sia *convessa* e l'altra *concava***

2. **nel punto $P_0(x_0, f(x_0))$ esista la retta tangente al diagramma, cioè esista, finito o infinito:**

$$\lim_{x \to x_0} \frac{f(x) - f(x_0)}{x - x_0} \qquad (1.38)$$

Se quest'ultimo esiste infinito, si dice che il punto di flesso x_0 è a *tangente verticale*.

Illustriamo la definizione data con dei diagrammi.

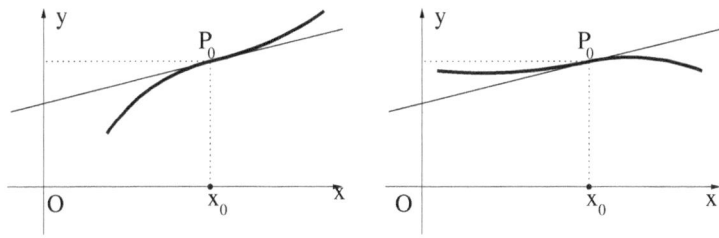

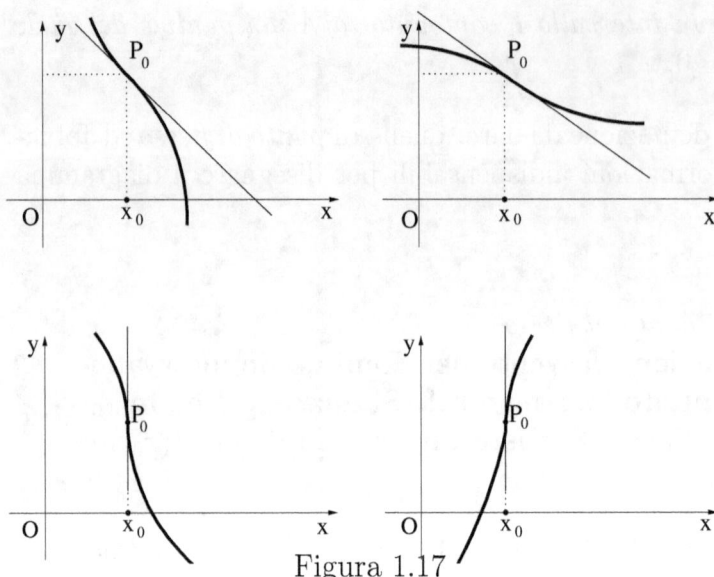

Figura 1.17

Se esiste finito il limite (1.38) cioè se f è derivabile nel punto x_0, siccome le due restrizioni di f' di dominio rispettivamente $(x_0 - \rho, x_0)$ e $(x_0, x_0 + \rho)$ sono l'una crescente e l'altra decrescente o viceversa, possiamo concludere che il *punto di flesso* è un punto di *massimo* o *minimo relativo per* f'. Poiché x_0 è interno ad A, se f è dotata di *derivata seconda*, risulta $f''(x_0) = 0$.

Se una funzione f è quindi dotata di derivata seconda, i suoi punti di flesso vanno ricercati tra le soluzioni dell'equazione $f''(x) = 0$ che sono interne ad A. In altre parole: l'equazione $f''(x) = 0$ gioca, nella ricerca dei punti di flesso, lo stesso ruolo che gioca l'equazione $f'(x) = 0$ nella ricerca dei punti di minimo e di massimo relativo interni ad A.

Per rendere completa la trattazione, prima di dire come si possa all'atto pratico disegnare il diagramma di una funzione, ricordiamo la definizione di *punto singolare* data nel libro "Limiti e continuità", paragrafo 3.4 e definiamo in esso i concetti di *derivata, derivata sinistra* e *derivata destra*.

1.20 Punti singolari e derivate in essi

Ricordiamo che data una funzione $f : y = f(x)$, $x \in A \subseteq \mathbb{R} \subset \widetilde{\mathbb{R}}$ si chiama *punto singolare* per essa ogni punto $x_0 \in \mathbb{R}$ che si trovi in una delle due situazioni seguenti:

1. appartiene ad A ed è punto di discontinuità per f

2. non appartiene ad A però è *punto di accumulazione* per A, quindi appartiene a ∂A (frontiera di A).

Poiché in ogni caso x_0 è punto di accumulazione per A [13], ha senso effettuare l'operazione di $\lim_{x \to x_0} f(x)$ ed in base al risultato di tale operazione si suol classificare i punti singolari cosí:

– se esiste finito $\lim_{x \to x_0} f(x)$, si dice che x_0 è un *punto singolare eliminabile* ed in particolare, se è punto di discontinuità, *punto di discontinuità eliminabile*.

– se invece è $\lim_{x \to x_0} f(x) = \pm\infty$ o addirittura il limite non esiste, si dice che x_0 è un *punto singolare non eliminabile* ed in particolare, se è punto di discontinuità, *punto di discontinuità non eliminabile*.

Tali denominazioni sono suggerite dalle seguenti circostanze:

– se esiste finito il $\lim_{x \to x_0} f(x)$, x_0 può essere eliminato come punto singolare e fatto diventare punto di continuità per la funzione nel modo seguente:

– nel caso che $x_0 \in A$, cioè è *punto di discontinuità*, cambiando l'immagine $f(x_0)$ che gli attribuisce la *legge d'associazione* f, con il *valore del limite*

---

[13]Se $x_0 \in A$, sicuramente è punto di accumulazione per A perché se fosse punto isolato di A, f sarebbe continua in esso; se $x_0 \notin A$ è ovviamente punto di accumulazione per A perché viene richiesto che sia tale.

- nel caso che $x_0 \notin A$, cioè non è *punto di discontinuità*, includendolo nel *dominio* della funzione e dandogli come *immagine*, sempre il *valore del limite*

- se invece risulta $\lim_{x \to x_0} f(x) = \pm\infty$ o addirittura il limite non esiste, non è possibile eliminare x_0 come punto singolare, perché qualunque fosse l'immagine che gli si assegnasse, resterebbe sempre punto di discontinuità e quindi punto singolare per f.

Per i punti singolari non eliminabili poi, indipendentemente dal fatto che siano o no punti di discontinuità, sono in uso le seguenti locuzioni:

- **Si dice che un punto singolare (non eliminabile) x_0 è *punto di discontinuità di 1^a specie* se esistono finiti entrambi i limiti:**

$$\lim_{x \to x_0^-} f(x) \quad \text{e} \quad \lim_{x \to x_0^+} f(x)$$

che denoteremo rispettivamente con i simboli $f(x_0^-)$ e $f(x_0^+)$. La differenza $f(x_0^+) - f(x_0^-)$ si chiama *salto* della funzione nel punto x_0.

- **Si dice che un punto singolare (non eliminabile) x_0 è *punto di discontinuità di 2^a specie* se non è di prima specie, cioè se almeno uno dei due predetti limiti non esiste oppure è $\pm\infty$. In particolare, se entrambi i limiti esistono ed almeno uno dei due è $\pm\infty$, si dice che x_0 è un *punto d'infinito*.**

Illustriamo le definizioni date con un diagramma:

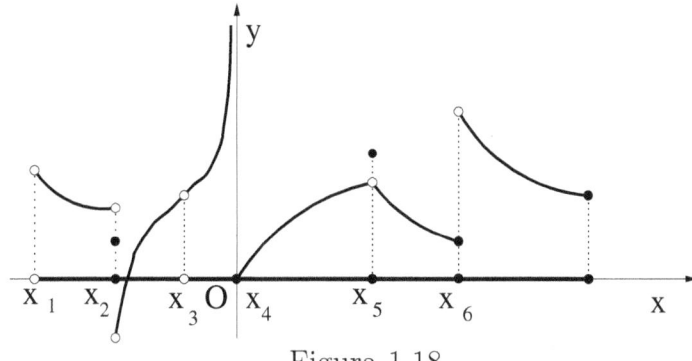

Figura 1.18

I punti $x_1, x_2, x_3, x_4, x_5, x_6$ sono punti singolari per la funzione f avente il diagramma disegnato; i punti x_1, x_3, x_5 sono punti singolari eliminabili, mentre i punti x_2, x_4, x_6 non lo sono. I punti x_2 e x_6 sono poi *punti
di discontinuità di 1^a specie* ed il punto x_4 è *punto d'infinito*.

Vediamo ora cosa s'intende per *derivata, derivata sinistra* e *derivata
destra* nei punti singolari.

– Se x_0 è *punto singolare eliminabile*, dopo averlo eliminato, f è continua in esso e pertanto ha senso chiedersi se è anche derivabile; se lo è, il
valore della derivata si chiama *derivata della funzione nel punto singolare*
x_0; se non lo è, può darsi che in esso esistano le derivate sinistra e destra
(come in ogni altro punto di continuità); se queste ultime esistono, si
chiamano rispettivamente *derivata sinistra* e *derivata destra* nel *punto
singolare* x_0.

– Se x_0 è invece per f *punto singolare non eliminabile*, sicuramente
non si può definire la derivata in esso; se tuttavia i limiti:

$$\lim_{x \to x_0^-} f(x) \quad \text{e} \quad \lim_{x \to x_0^+} f(x) \tag{1.39}$$

esistono e sono finiti, si definiscono la derivata sinistra e destra rispettivamente come:

$$\lim_{x \to x_0^-} \frac{f(x) - f(x_0^-)}{x - x_0} \quad \text{e} \quad \lim_{x \to x_0^+} \frac{f(x) - f(x_0^+)}{x - x_0} \tag{1.40}$$

Il significato dei limiti (1.39) e (1.40) è questo:

– Se ad esempio il primo limite (1.39) esiste finito, il diagramma della f "si attacca" da sinistra al punto $P_0(x_0, f(x_0^-))$. Se pensiamo tale punto facente parte del diagramma ed il primo limite (1.40) esiste finito o infinito, il diagramma è dotato di retta tangente nel punto P_0.

L'interpretazione geometrica degli altri casi viene lasciata come esercizio allo Studente.

Per effettuare poi le operazioni di limite (1.40) conviene, come primo tentativo per il *teorema 1.13*, eseguire rispettivamente le operazioni di limite:

$$\lim_{x \to x_0^-} f'(x) \quad \text{e} \quad \lim_{x \to x_0^+} f'(x) \quad ;$$

se tali limiti non esistono, effettuare allora le operazioni di limite (1.40) seguendo qualche altra strada.

Come conclusione di tutto lo studio finora fatto, riassumiamo in uno schema orientativo[14] i passi da seguire per disegnare il diagramma di una funzione.

1.21 Schema orientativo di come disegnare i diagrammi cartesiani delle funzioni

Data una "formula" $y = \cdots$, per disegnare il diagramma della funzione la cui legge d'associazione f è da essa rappresentata, conviene procedere così:

1. Costruire la funzione

   $$f : y = f(x) = \cdots \quad , x \in A = \{x \in \mathbb{R} : \ldots\} \quad ;$$

   è consigliabile rappresentare il dominio A, se non è un intervallo, come unione di intervalli per mettere in risalto i punti singolari di f che non sono punti di discontinuità.

---

[14]Tale schema orientativo è stato iniziato nel libro "Limiti e continuità", paragrafo 3.12.

2. Constatare se f è *pari, dispari o periodica*

   Se f è *pari* o *dispari*, studiarne la *restrizione* di dominio $A' = A \cap [0, +\infty)$; una volta disegnato il diagramma di quest'ultima, per ottenere il diagramma di f basta completarlo sfruttandone la simmetria rispetto all'asse y o rispetto all'origine O.

   Se invece f è *periodica*, detto T il suo *periodo*, studiarne la *restrizione* di dominio $A' = A \cap [x_0, x_0 + T)$ ove x_0 è un punto di $\mathbb{R}$ scelto ad arbitrio; una volta disegnato il diagramma di quest'ultima, per ottenere il diagramma di f basta completarlo facendone la traslazione lungo l'asse delle x.

   Se f non è né *pari*, né *dispari*, né *periodica* occorre studiarla tutta.

3. Constatare se f è *continua*; se non lo è, dire quali sono i suoi *punti di discontinuità*

4. Dire quali sono i suoi *punti singolari*

5. Studiare i *punti singolari* e disegnare gli asintoti verticali se ci sono

6. Se il dominio A è *illimitato*, ad esempio *superiormente*, effettuare l'operazione di limite $\lim\limits_{x \to +\infty} f(x)$

   Se il limite esiste ed è un numero l, la retta d'equazione $y = l$ è *asintoto orizzontale* per $x \to +\infty$; disegnarlo. Se invece il limite esiste ed è $\pm\infty$, vedere se esiste l'*asintoto obliquo* per $x \to +\infty$. Quest'ultimo esiste e la sua equazione è $y = mx + n$ se esistono finiti i due limiti:

   $$m = \lim_{x \to +\infty} \frac{f(x)}{x}; \quad n = \lim_{x \to +\infty} [f(x) - mx]$$

   Se il dominio A è *illimitato inferiormente*, ripetere le stesse operazioni di limite per $x \to -\infty$.

7. Calcolare $f'(x)$ e vedere se vi sono punti di non derivabilità

8. Vedere se esiste la derivata nei punti singolari (se ci sono)

9. Studiare il segno di $f'(x)$

10. Studiare la crescenza e la descrescenza di f'; per fare ciò servirsi eventualmente del segno di $f''(x)$

11. Disegnare alcuni punti $P(x, f(x))$ per i quali è facile il calcolo dell'ordinata $f(x)$ e poi l'intero diagramma tenendo conto delle informazioni precedentemente acquisite.

Sperimentiamo tutto questo su alcuni esempi.

Esempio 1.16 *Disegnare il diagramma della funzione la cui legge d'associazione f è rappresentata dalla formula:*

$$y = \frac{x}{\log x}$$

Lasciamoci orientare dallo schema!

1. $f : y = f(x) = \frac{x}{\log x}, \quad x \in A = \{x \in \mathbb{R} : x > 0; \log x \neq 0\} =$
   $$= \{x \in \mathbb{R} : x > 0; x \neq 1\} = (0, 1) \cup (1, +\infty)$$

2. *f non è né pari, né dispari, né periodica, quindi occorre studiarla tutta*

3. *f è continua perché rapporto di funzioni continue, quindi non ha punti di discontinuità*

4. *f ha due punti singolari: $x_0 = 0$ e $x_1 = 1$*

5. *Studio dei punti singolari.*

   Studio del punto $x_0 = 0$

   $$\lim_{x \to 0} f(x) = \lim_{x \to 0^+} \frac{x}{\log x} = 0 \quad ;$$

   il punto $x_0 = 0$ é un punto singolare eliminabile e pertanto il diagramma inizia dal punto $P_0(0, 0)$ senza peró che quest'ultimo ne faccia parte.

Per visualizzare tale circostanza, rappresentiamo nel piano carte-siano il punto $P_0(0,0)$ con un "cerchietto".

Studio del punto $x_1 = 1$

$$\lim_{x \to 1^-} f(x) = \lim_{x \to 1^-} \frac{x}{\log x} = -\infty$$

e

$$\lim_{x \to 1^+} f(x) = \lim_{x \to 1^+} \frac{x}{\log x} = +\infty$$

il punto $x_1 = 1$ è un punto singolare non eliminabile; si tratta di un punto d'infinito; la retta d'equazione $x = 1$ è asintoto vertica-le. Disegnamo tale retta sul piano cartesiano e per visualizzare il fatto che i punti $x \in A$ "vicini" a $x_1 = 1$ hanno le immagini $f(x)$ rispettivamente "vicine" a $-\infty$ ed a $+\infty$, disegnamo due archetti "vicini" all'asintoto: l'uno in basso a sinistra e l'altro in alto a destra.

6. Poiché il dominio A è illimitato superiormente, facciamo l'opera-zione di limite:

$$\lim_{x \to +\infty} f(x) = \lim_{x \to +\infty} \frac{x}{\log x} = +\infty \quad ;$$

non c'è quindi l'asintoto orizzontale per $x \to +\infty$; vediamo se c'è quello obliquo:

$$m = \lim_{x \to +\infty} \frac{f(x)}{x} = \lim_{x \to +\infty} \frac{1}{\log x} = 0 \quad ;$$

non c'è neanche quello obliquo, perché ovviamente

$$n = \lim_{x \to +\infty} [f(x) - mx] = \lim_{x \to +\infty} \left[\frac{x}{\log x} - 0 \cdot x \right] = +\infty \quad .$$

Per visualizzare il fatto che i punti $x \in A$ "vicini" a $+\infty$ hanno le immagini $f(x)$ "vicine" a $+\infty$, disegnamo sul piano cartesiano un archetto in alto a destra.

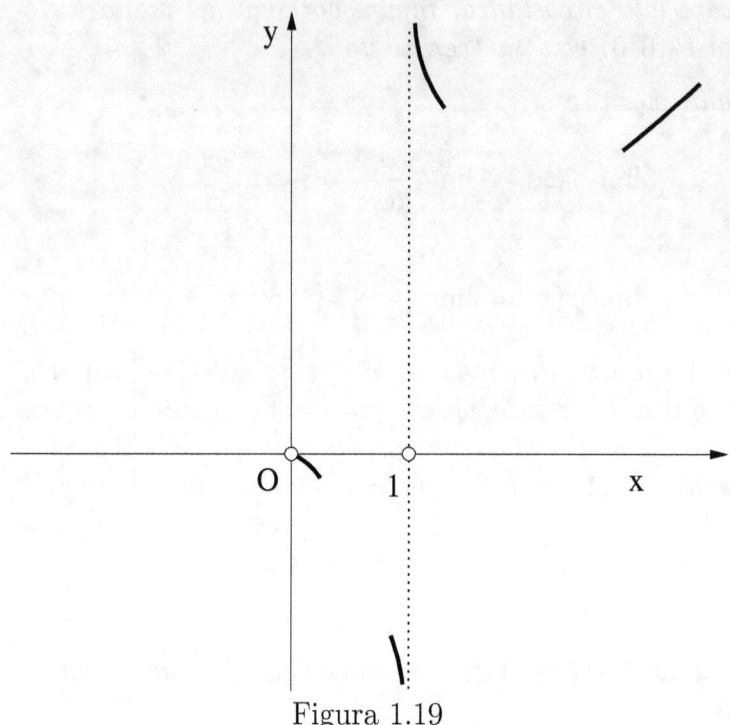

Figura 1.19

Continuiamo con lo schema!

7. *Calcoliamo la derivata prima. Applicando la regola di derivazione del quoziente si ottiene:*

$$f'(x) = \frac{\log x - 1}{(\log x)^2} \quad ;$$

poichè la formula ottenuta ha senso per ogni $x \in A$, concludiamo che f è derivabile e quindi in ogni punto del diagramma esiste la retta tangente e non è verticale

8. *Poiché $x_0 = 0$ è punto singolare eliminabile, vediamo se f è derivabile in esso.*

Utilizzando il teorema 1.13 *si ha:*

$$\lim_{x \to 0+} f'(x) = \lim_{x \to 0+} \frac{\log x - 1}{(\log x)^2} = \lim_{x \to 0+} \frac{1}{\log x} = 0 = f'(0)$$

Il diagramma "esce" dal punto $P_0(0,0)$ *con tangente orizzontale.*

9. *Studiamo il segno di* $f'(x)$.

Poiché il denominatore è positivo per ogni $x \in A$, *allora*

$$segno f'(x) = segno(\log x - 1);$$

con facili calcoli si ottiene:

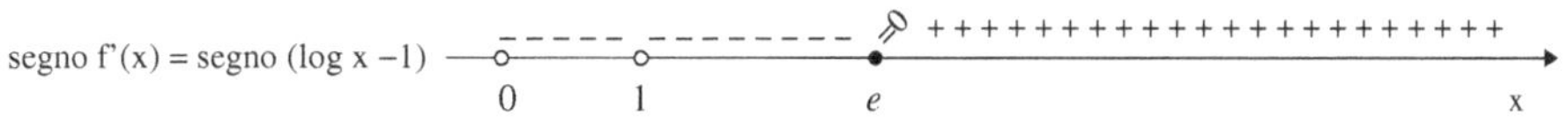

segno f'(x) = segno (log x −1)

$$\xrightarrow{\quad\quad\quad\quad\quad\quad\quad\quad\quad\quad\quad} $$

0   1   e   x

Figura 1.20

quindi f *è decrescente in ogni punto di* $(0,1) \cup (1,e)$; *crescente in ogni punto di* $(e, +\infty)$; *il punto* $x = e$ *è punto di minimo relativo.*

10. *Studiamo la crescenza e decrescenza di* f'

Per fare ciò studiamo il segno di $f''(x)$. *Si ha:*

$$f''(x) = \frac{-\log x + 2}{x \cdot (\log x)^3}$$

e per conoscere il suo segno, studiamo separatamente il segno del numeratore e del denominatore.

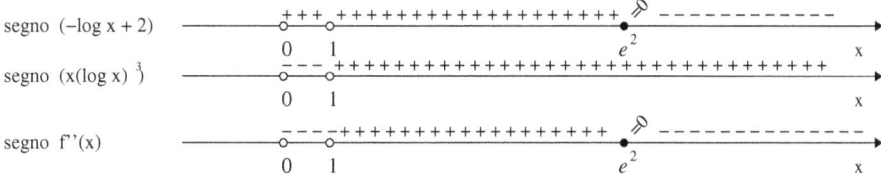

Figura 1.21

possiamo allora concludere:

> – *le restrizioni di f aventi per dominio* $(0,1)$ *e* $(e^2, +\infty)$ *so-
> no concave, mentre la restrizione avente per dominio* $(1, e^2)$ *è
> convessa; il punto* $x = e^2$ *è punto di flesso.*

11. I punti del diagramma di cui è facile calcolare le ordinate sono:

$$P_1 = (e, f(e)) = (e, e) \quad e \quad P_2 = (e^2, f(e^2)) = \left(e^2, \frac{e^2}{2} \right).$$

*Tenendo conto di tutte le informazioni raccolte, completiamo il diagram-
ma:*

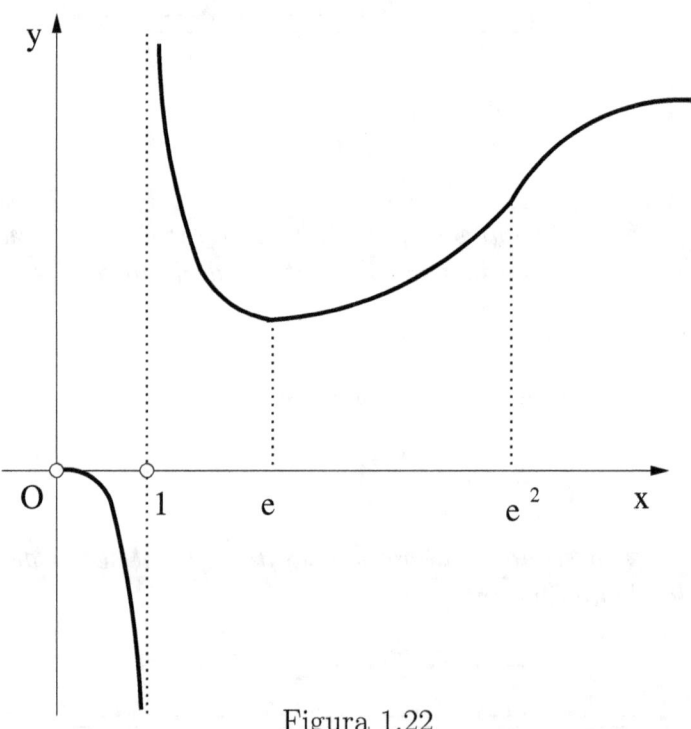

Figura 1.22

Esempio 1.17 *Disegnare il diagramma della funzione la cui legge d'associazione f è rappresentata dalla formula:*

$$y = e^{\frac{1}{x}}$$

Anche in questo caso seguiamo lo schema.

1. $f : y = f(x) = e^{\frac{1}{x}}, \ x \in A = \{x \in \mathbb{R} : x \neq 0\} = (-\infty, 0) \cup (0, +\infty)$

2. *Sebbene il dominio sia simmetrico rispetto a zero, tuttavia si ha $f(-x) \neq \pm f(x)$ e pertanto f non è né pari né dispari; siccome non è neppure periodica occorre studiarla tutta.*

3. *f è continua perché funzione composta di funzioni continue, quindi non ha punti di discontinuità.*

4. *f ha $x_0 = 0$ come unico punto singolare*

5. *Studio del punto singolare $x_0 = 0$:*

$$\lim_{x \to 0^-} f(x) = \lim_{x \to 0^-} e^{\frac{1}{x}} = 0;$$

   e

$$\lim_{x \to 0^+} f(x) = \lim_{x \to 0^+} e^{\frac{1}{x}} = +\infty$$

   il punto $x_0 = 0$ è un punto singolare non eliminabile; si tratta di un punto d'infinito; la retta d'equazione $x = 0$ è asintoto verticale.

6. *Poiché il dominio A è illimitato sia superiormente che inferiormente, facciamo le operazioni di limite per $x \to \pm\infty$; si ha:*

$$\lim_{x \to +\infty} f(x) = \lim_{x \to +\infty} e^{\frac{1}{x}} = 1$$

   e

$$\lim_{x \to -\infty} f(x) = \lim_{x \to +\infty} e^{\frac{1}{x}} = 1 \ ;$$

   poiché i due limiti sono finiti e uguali tra loro, la retta d'equazione $y = 1$ è asintoto orizzontale sia per $x \to +\infty$ che per $x \to -\infty$.

7. *Calcoliamo la derivata prima. Si ha:*

$$f'(x) = -\frac{e^{\frac{1}{x}}}{x^2} \; ;$$

poiché la formula ottenuta ha senso per ogni $x \in A$, concludiamo che f è derivabile e quindi in ogni punto del diagramma esiste la retta tangente e non è verticale.

8. *Vediamo se esiste la derivata sinistra nel punto singolare $x_0 = 0$.*

   Utilizzando il teorema 1.13 si ha:

$$\lim_{x \to 0^-} f'(x) = \lim_{x \to 0^-} -\frac{e^{\frac{1}{x}}}{x^2} = \frac{0}{0} = \quad ponendo \; \frac{1}{x} = t$$

$$se \; x \to 0^- \Rightarrow t \to -\infty = -\lim_{t \to -\infty} (t^2 \cdot e^t) =$$

$$= -\lim_{t \to -\infty} \frac{t^2}{e^{-t}} \overset{H}{=} -\lim_{t \to -\infty} \frac{2t}{-e^{-t}} \overset{H}{=} -\lim_{t \to -\infty} \frac{2}{e^{-t}} = 0 = f'(0^-)$$

Conclusione:

 – *il diagramma "arriva" al punto $P_0\,(0,0)$ con tangente orizzontale*

9. *Il segno di $f'(x)$ è sempre negativo quindi f è decrescente in ogni punto del suo dominio.*

10. *Studiamo la crescenza e decrescenza di f';per fare ciò studiamo il segno di $f''(x)$. Poiché si ha:*

$$f''(x) = \frac{e^{\frac{1}{x}} \cdot (1 + 2x)}{x^4}$$

segno $f''(x) = segno\,(1 + 2x)$ quindi:

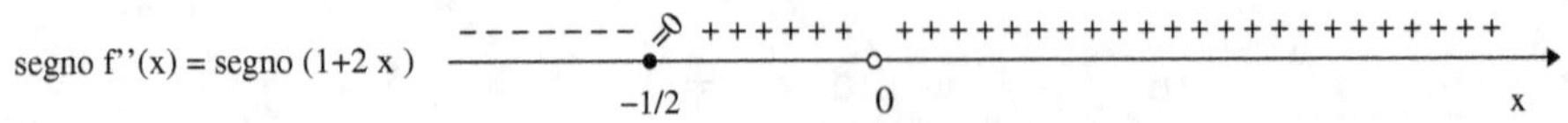

segno f''(x) = segno (1+2 x) $\xrightarrow{\quad ------- \; \nearrow \; +++++ \quad ++++++++++++++++++++++}$
                                        $-1/2 \qquad\qquad 0 \qquad\qquad\qquad\qquad\qquad\qquad x$

Figura 1.23

possiamo allora concludere:

   – *la restrizione di f avente per dominio $(-\infty, -\frac{1}{2})$ è concava;*
   mentre le restrizioni aventi per dominio $(-\frac{1}{2}, 0)$ e $(0, +\infty)$
   sono convesse; il punto $x = -\frac{1}{2}$ è punto di flesso.

11. *Il punto del diagramma di cui è facile calcolare le coordinate è*

$$P\left(-\frac{1}{2}, f\left(-\frac{1}{2}\right)\right) = P\left(-\frac{1}{2}, \frac{1}{e^2}\right).$$

Il diagramma è allora

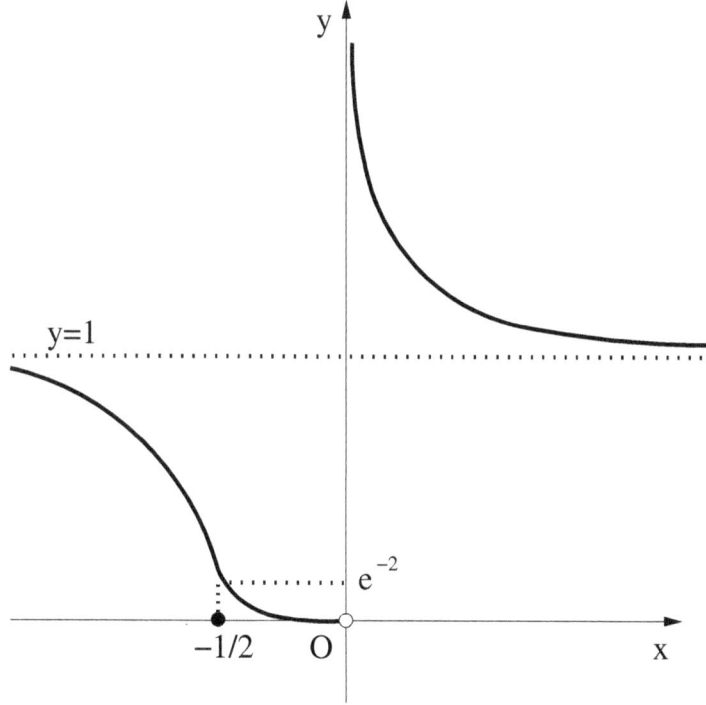

Figura 1.24

Esempio 1.18 *Disegnare il diagramma della funzione la cui legge d'associazione f è rappresentata dalla formula:*

$$y = \arctan \frac{x-1}{x+1}$$

Seguiamo lo schema!

1. $f : y = f(x) = \arctan \frac{x-1}{x+1}, \quad x \in A = \{x \in \mathbb{R} : x+1 \neq 0\} = \\ = (-\infty, -1) \cup (-1, +\infty)$

2. *f non è né pari, né dispari, né periodica quindi bisogna studiarla tutta*

3. *f è continua perché funzione composta di funzioni continue quindi non ha punti di discontinuità*

4. *f ha $x_0 = -1$ come suo unico punto singolare*

5. *Studio del punto singolare $x_0 = -1$*

$$\lim_{x \to -1^-} f(x) = \lim_{x \to -1^-} \arctan \frac{x-1}{x+1} = \frac{\pi}{2}$$

e

$$\lim_{x \to -1^+} f(x) = \lim_{x \to -1^+} \arctan \frac{x-1}{x+1} = -\frac{\pi}{2}$$

il punto $x_0 = -1$ è punto singolare non eliminabile; si tratta di un punto di discontinuità di 1^a specie.

6. *Poichè il dominio A è illimitato sia superiormente che inferiormente, facciamo le operazioni di limite per $x \to \pm\infty$; si ha:*

$$\lim_{x \to +\infty} f(x) = \lim_{x \to +\infty} \arctan \frac{x-1}{x+1} = \arctan 1 = \frac{\pi}{4}$$

$$\lim_{x \to -\infty} f(x) = \lim_{x \to -\infty} \arctan \frac{x-1}{x+1} = \arctan 1 = \frac{\pi}{4} \quad ;$$

poiché i due limiti sono finiti ed uguali tra loro, la retta d'equazione $y = \frac{\pi}{4}$ é asintoto orizzontale sia per $x \to +\infty$ che per $x \to -\infty$

7. *Calcolo della derivata prima; si ha:*

$$f'(x) = \frac{1}{1 + \left(\frac{x-1}{x+1}\right)^2} \cdot \frac{x + 1 - (x-1) \cdot 1}{(x+1)^2} =$$

$$= \frac{1}{\frac{(x+1)^2 + (x-1)^2}{(x+1)^2}} \cdot \frac{2}{(x+1)^2} = \frac{2}{2x^2 + 2} = \frac{1}{x^2 + 1} \quad ;$$

poiché la formula ottenuta ha senso per ogni $x \in A$, concludiamo che f è derivabile e quindi in ogni punto del diagramma esiste la retta tangente e non è verticale

8. *Vediamo se esistono le derivate sinistra e destra nel punto singolare $x_0 = -1$.*

   Utilizzando il teorema 1.13, *si ha:*

$$\lim_{x \to -1^-} f'(x) = \lim_{x \to -1^-} \frac{1}{x^2 + 1} = \frac{1}{2} = f'(-1^-)$$

e

$$\lim_{x \to -1^+} f'(x) = \lim_{x \to -1^+} \frac{1}{x^2 + 1} = \frac{1}{2} = f'(-1^+)$$

Conclusione:

   – *il diagramma "arriva" al punto $P_0^- \left(-1, \frac{\pi}{2}\right)$ con tangente di coefficiente angolare $\frac{1}{2}$ e "parte" dal punto $P_0^+ \left(-1, -\frac{\pi}{2}\right)$ con tangente avente lo stesso coefficiente angolare*

9. *Il segno di $f'(x)$ è sempre positivo e quindi f è crescente in ogni punto del suo dominio*

10. *Studiamo la crescenza e decrescenza di f'; per fare ciò studiamo il segno di $f''(x)$. Poiché:*

$$f''(x) = -\frac{2x}{(1 + x^2)^2}$$

segue che:

segno $f''(x) = $ segno $(-2x)$ e quindi

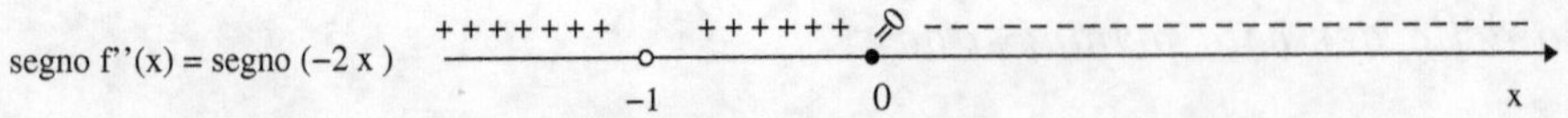

$$\text{segno } f''(x) = \text{segno } (-2\,x)$$

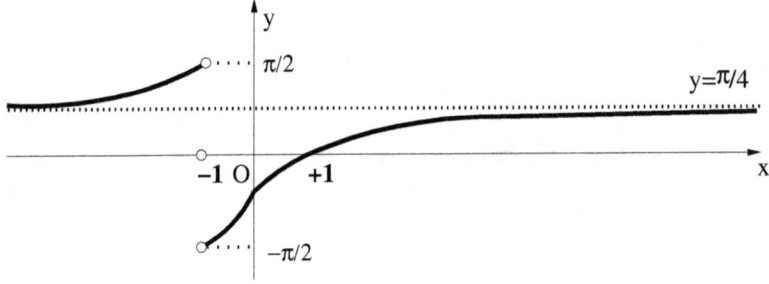

Figura 1.25

possiamo allora concludere:

– *le restrizioni di f aventi per dominio* $(-\infty, -1)$ *e* $(-1, 0)$ *sono convesse; mentre la restrizione di dominio* $(0, +\infty)$ *è concava; il punto* $x_0 = 0$ *è punto di flesso.*

11. *I punti del diagramma di cui è facile calcolare le coordinate sono* $P_1(0, f(0)) = P_1(0, -\frac{\pi}{4})$ *e* $P_2(x, 0) = P_2(1, 0)$.

Il diagramma è allora:

Figura 1.26

Gli esempi esaminati ci potrebbero lasciare la convinzione che lo schema dato per disegnare i diagrammi delle funzioni "vada sempre bene".

Le cose non stanno purtroppo cosí. A mostrarcelo sarà il prossimo esempio.

Esempio 1.19 *Disegnare il diagramma della funzione f la cui legge d'associazione è rappresentata dalla formula:*

$$y = x \cdot \sin \frac{1}{x}$$

Seguiamo lo schema!

1. $f : y = f(x) = x \cdot \sin \frac{1}{x}$, $\quad x \in A = \{x \in \mathbb{R} : x \neq 0\} =$
$$= (-\infty, 0) \cup (0, +\infty)$$

2. *si tratta di una funzione pari, il dominio è infatti simmetrico rispetto allo zero e*

$$f(-x) = (-x) \cdot \sin \frac{1}{-x} = -x \cdot \left(-\sin \frac{1}{x}\right) = x \cdot \sin \frac{1}{x} = f(x)$$

quindi basta studiare la restrizione di dominio $A' = (0, +\infty)$ e poi completare il diagramma.

3. *f è continua perché prodotto di funzioni continue quindi non ha punti di discontinuità*

4. *f ha $x_0 = 0$ come suo unico punto singolare*

5. *Studio del punto singolare $x_0 = 0$*

$$\lim_{x \to 0^+} f(x) = \lim_{x \to 0^+} x \cdot \sin \frac{1}{x} = 0$$

quindi il punto $x_0 = 0$ è un punto singolare eliminabile

6. *Poiché il dominio A' è illimitato superiormente, facciamo l'operazione di limite per $x \to +\infty$; si ha:*

$$\lim_{x \to +\infty} f(x) = \lim_{x \to +\infty} \left(x \cdot \sin \frac{1}{x}\right) = \lim_{x \to +\infty} \left(x \cdot \frac{1}{x}\right) = \lim_{x \to +\infty} 1 = 1$$

quindi la retta di equazione $y = 1$ è asintoto orizzontale per $x \to +\infty$.

7. *Calcolo della derivata prima; si ha:*

$$f'(x) = \sin \frac{1}{x} - \frac{1}{x} \cdot \cos x \quad ;$$

poiché tale formula ha senso per ogni $x \in A'$, concludiamo che f è derivabile e quindi in ogni punto del diagramma esiste la retta tangente e non è verticale in nessun punto.

Fino a qui tutto è andato liscio però ora non siamo in grado di studiare il segno di f' per cui lo schema dato non è operativo.

E allora?

Si arriva a costruire il diagramma della f ripetendo lo stesso ragionamento fatto a pagina 41 per disegnare il diagramma della funzione

$$f : y = f(x) = \begin{cases} |x| \cdot \left(1 + \sin^2 \frac{1}{x}\right) & , x \in (-\infty, 0) \cup (0, +\infty) \\ 0 & , x = 0 \end{cases}$$

Non ci vogliamo attardare su tale questione, ma invitiamo lo Studente a disegnare il diagramma della funzione in istudio seguendo gli stessi passi là fatti.

Se avrà ragionato correttamente, sarà arrivato alle seguenti conclusioni:

1. *il diagramma della restrizione della f avente per dominio A' é compreso tra le bisettrici del primo e del quarto quadrante*

2. *il diagramma "tocca" la bisettrice del primo quadrante nei punti le cui ascisse sono soluzioni dell'equazione $\sin \frac{1}{x} = 1$ e la bisettrice del quarto in quelli le cui ascisse sono soluzioni dell'equazione $\sin \frac{1}{x} = -1$.*

3. *il diagramma "taglia" l'asse delle x nei punti le cui ascisse sono soluzioni dell'equazione $\sin \frac{1}{x} = 0$.*

Il diagramma è:

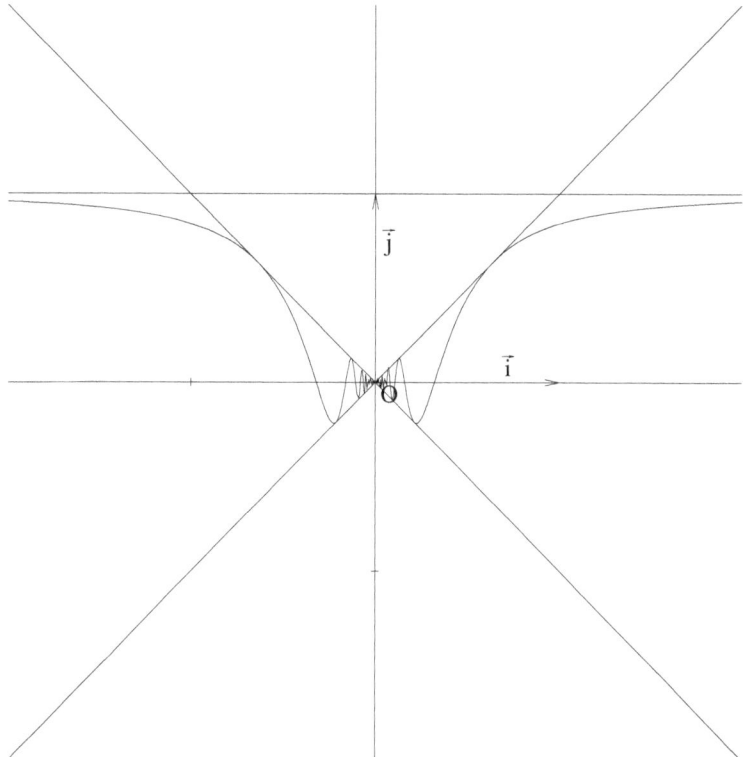

Figura 1.27: Il diagramma è stato tracciato con il programma *Mathplot* che inserisce i versori $\vec{i}$ e $\vec{j}$ degli assi cartesiani. Non avendo ancora parlato di *versori*, si prega lo Studente di non tener conto della loro presenza.

L'esempio ora considerato ci suggerisce la seguente riflessione:

– la funzione f' è una "funzione spia" per la funzione f; il "prezzo" delle sue informazioni consiste nel risolvere le disequazioni $f'(x) > 0$ e $f'(x) < 0$ e, se la formula che rappresenta la legge d'associazione della f' è un po' complicata, non possiamo pagarlo perché non le sappiamo risolvere.

In questo caso lo schema che abbiamo elaborato per disegnare i diagrammi può essere di valido aiuto fino al punto 6.

Per avere le informazioni restanti, non esiste una via maestra da suggerire; di volta in volta lo Studente con un po' di pratica si renderà conto di come poter procedere.

Per terminare vogliamo dare qualche consiglio.

1.22   Ancora qualche consiglio per disegnare i diagrammi

Nel terminare questo argomento vogliamo dare un paio di consigli di carattere pratico:

1. Se la formula che rappresenta la legge d'associazione della funzione f di cui dobbiamo disegnare il diagramma è del tipo:

$$y = \left| \cdots \cdots \right| \quad ;$$

conviene disegnare il diagramma della funzione la cui legge d'associazione è rappresentata da quest'altra formula:

$y = \cdots \cdots$ cioè dalla formula precedente dopo averle tolto il simbolo $\vert \ \vert$

e poi "ribaltare" nel semipiano delle y positive le parti del diagramma che si trovano in quello delle y negative.

I seguenti diagrammi chiariscono il consiglio

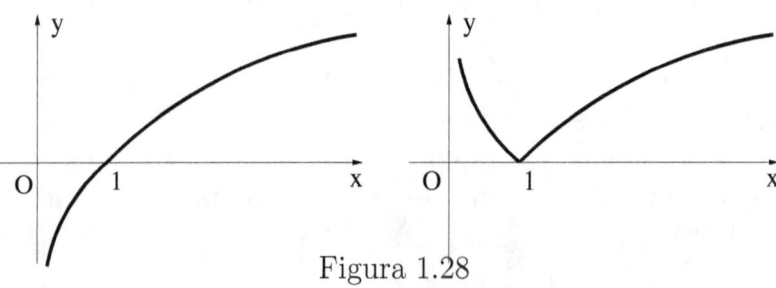

Figura 1.28

2. Se nella formula che rappresenta la legge d'associazione della funzione di cui dobbiamo disegnare il diagramma vi è qualche "valore assoluto", dopo aver trovato il dominio, conviene rappresentare la legge d'associazione f della funzione anche mediante più formule ove però non compaia il "valore assoluto" e poi, per disegnare il diagramma, seguire la via indicata nel seguente esempio:

Esempio 1.20 *Supponiamo di dover disegnare il diagramma della funzione la cui legge d'associazione f è rappresentata dalla formula*

$$y = \frac{1}{\sqrt{x + |x^2 - x|}}$$

La funzione è:

$$f : y = f(x) = \frac{1}{\sqrt{x + |x^2 - x|}} \quad , \quad x \in A = (-\infty, 0) \cup (0, +\infty) \quad ;$$

tenendo presente il significato di $|x^2 - x|$ si ha:

$$f : y = f(x) = \begin{cases} \frac{1}{|x|} & , x \in (-\infty, 0) \cup [1, +\infty) \\ \frac{1}{\sqrt{2x - x^2}} & , x \in (0, 1) \end{cases}$$

da cui

$$f : y = f(x) = \begin{cases} -\frac{1}{x} & , x \in (-\infty, 0) \\ \frac{1}{\sqrt{2x - x^2}} & , x \in (0, 1) \\ \frac{1}{x} & , x \in [1, +\infty) \end{cases} ;$$

fatto ciò, basta disegnare i diagrammi delle tre restrizioni della funzione di dominio $(-\infty, 0)$, $(0, 1)$ e $[1, +\infty)$.

Ora che abbiamo detto tutto quello che si può dire su come disegnare i diagrammi delle funzioni, viene naturale questa domanda:

Se disegnare il diagramma di una funzione può essere anche molto laborioso, è proprio necessario farlo?

Come lo Studente si renderà conto, il diagramma di una funzione visualizza tutti gli elementi e le proprietà della stessa:

– il dominio

– il codominio e quindi da esso si vede se la funzione è limitata e se lo è, se è dotata di minimo e massimo assoluto

– i punti di minimo e massimo relativo

– i punti di flesso, ecc, ...

quindi se interessano tutte queste informazioni sulla funzione è necessario farlo.

Se però di tutte queste informazioni ne interessa solo qualcuna, vediamo se è possibile farne a meno.

Limitiamoci ad esaminare il caso che ci interessi conoscere solo il *minimo* ed il *massimo assoluto* di una funzione.

Vediamo come ce la possiamo cavare senza disegnare il suo diagramma.

1.23   Ricerca del minimo e del massimo assoluto di una funzione

Data una funzione $f : y = f(x)$, $x \in A \subseteq \mathbb{R} \subset \widetilde{\mathbb{R}}$, vogliamo vedere se è dotata di minimo e di massimo assoluto e, nel caso che ne sia dotata, calcolarli.

Distinguiamo due casi:

I) La funzione verifica le ipotesi del teorema di Weierstrass cioè A è chiuso e limitato ed f è continua.

II) La funzione non verifica le ipotesi del suddetto teorema.

Nel caso I) sicuramente f è dotata di minimo e massimo assoluto: è il *teorema di Weierstrass* che lo assicura. Tale teorema però né ci dà il loro valore, né ci dice quali sono i *punti di minimo* e di *massimo assoluto*; questi ultimi possono essere *punti di frontiera* come *punti interni* ad A.

Se sono *punti interni* ad A, f potrebbe essere in essi derivabile o solo continua; se f è derivabile (in essi), la derivata sicuramente vale zero, perché i punti di minimo e di massimo assoluto, che non sono punti isolati di A, sono anche punti di minimo e di massimo relativo.

Concludendo possiamo allora dire:

– i punti di minimo e di massimo assoluto appartengono a uno di questi tre sottoinsiemi di A:

  – al sottoinsieme costituito dai *punti di frontiera* di A

  – al sottoinsieme costituito dai punti interni ad A in cui f pur essendo continua non è derivabile

  – al sottoinsieme dei punti interni ad A che sono soluzione dell'equazione $f'(x) = 0$.

Se ciascuno di questi tre sottoinsiemi è finito, basta calcolare le immagini di tutti i punti che li costituiscono: la più piccola di tali immagini è il minimo assoluto mentre la più grande è il massimo assoluto.

Se per lo meno uno di tali insiemi è infinito, siamo sicuri che i punti di minimo e di massimo assoluto appartengono ad essi, ma trovarli può essere molto complicato.

Nel caso II) non è a-priori assicurata l'esistenza del minimo e del massimo assoluto, possono esistere oppure no; se esistono i punti di minimo e di massimo assoluto appartengono agli insiemi sopra detti.

Se ciascuno di tali insiemi è finito, come nel caso anteriore, si calcolano le immagini di tutti i punti che costituiscono tali insiemi; dette rispettivamente m' e M' la "più piccola" e la "più grande" di tali immagini, se il minimo ed il massimo assoluto esistono, sono uguali ad esse.

Il minimo assoluto esiste ed è m' se ogni punto $x \in A$ è soluzione della disequazione $f(x) \geq m'$; analogamente il massimo assoluto esiste ed è M' se ogni punto $x \in A$ è soluzione della disequazione $f(x) \leq M'$.

Se invece qualcuno dei tre insiemi è infinito, la cosa migliore è disegnare il diagramma della funzione.

Nel terminare questo capitolo vogliamo soffermarci un momento sui concetti di *lipschitzianitá* e *derivabilità*, per vedere se vi è qualche relazione fra essi.

1.24   Lipschitzianità e derivabilità di una funzione

Nel libro "Limiti e continuità", paragrafo 3.10, abbiamo dato la definizione di *funzione lipschitziana* ed abbiamo visto che:

   – se una funzione f è *lipschitziana* allora è uniformemente continua, quindi è *continua*.

Nel paragrafo 1.2 di questo libro abbiamo dimostrato che:

   – se una funzione f è *derivabile in un punto x_0* del suo dominio allora è *continua in tale punto*.

Da questo ultimo risultato segue che se una funzione f è *derivabile* allora è *continua*.

In definitiva la lipschitzianità e la derivabilità di una funzione costituiscono due *condizioni sufficienti* per la sua continuità.

Viene allora naturale chiedersi se esiste qualche relazione tra lipschitzianità e derivabilità di una funzione.

È di questo che vogliamo occuparci!

Partiamo dalla definizione di funzione lipschitziana:

> **Una funzione f avente per dominio un intervallo I si dice che è una funzione lipschitziana se esiste un numero $L > 0$ tale che:**
>
> $$\forall x_1, x_2 \in I \text{ si ha } |f(x_1) - f(x_2)| \leq L \cdot |x_1 - x_2| \quad (1.41)$$

Poiché se è $x_1 = x_2$ la disuguaglianza che compare nella (1.41) è sicuramente verificata, per decidere se una data funzione è lipschitziana basta limitarsi a constatare se tale disuguaglianza è verificata quando $x_1 \neq x_2$.

Questa osservazione consente di dare la definizione di funzione lipschitziana così:

Una funzione f avente per dominio un intervallo I si dice che è una funzione lipschitziana se esiste un numero $L > 0$ tale che:

$$\forall x_1, x_2 \in I \text{ con } x_1 \neq x_2 \text{ si ha } \frac{|f(x_1) - f(x_2)|}{|x_1 - x_2|} \leq L \qquad (1.41')$$

Poiché
$$\frac{|f(x_1) - f(x_2)|}{|x_1 - x_2|} = \left| \frac{f(x_1) - f(x_2)}{x_1 - x_2} \right| \quad,$$

se pensiamo il punto x_2 di I (qualunque esso sia) *fisso* ed il punto x_1 *variabile* in I, la (1.41′) ci dice che:

– se una funzione f di dominio I è lipschitziana allora tutte le sue infinite funzioni *rapporto incrementale* (una per ogni scelta di x_2) sono limitate.

La lipschitzianità di una funzione naturalmente non ne assicura la derivabilità in ogni punto x_2 del suo dominio perché dal fatto che la funzione

$$R : y = R(x_1) = \frac{f(x_1) - f(x_2)}{x_1 - x_2}, \quad x_1 \in I - \{x_2\}$$

sia limitata non segue che esiste il limite $\lim_{x_1 \to x_2} R(x_1)$.

Se tale limite esiste, naturalmente non può valere $\pm\infty$.

Che la lipschitzianità di una funzione non assicuri la sua derivabilità ce lo mostra la funzione $f : y = f(x) = |x|$, $x \in I = (-\infty, +\infty)$ la quale è lipschitziana però non è derivabile perché non lo è nel punto $x_0 = 0$.

Ci chiediamo allora:

Se una funzione f avente per dominio un intervallo I è derivabile, è essa lipschitziana?

Basta pensare alla funzione

$$f : y = f(x) = e^x \quad , x \in I = (-\infty, +\infty)$$

per concludere che la derivabilità di una funzione non assicura la sua lipschitzianità.

La funzione in esame infatti non è uniformemente continua in I (è il *teorema 3.25* del libro "Limiti e continuità" che ce lo dice!); siccome l'uniforme continuità è una *condizione necessaria* per la lipschitzianità segue che essa non è lipschitziana.

A questo punto sembrerebbe che non vi sia alcuna relazione tra i due concetti.

Le cose non stanno esattamente cosí; ce lo dice il seguente teorema:

Teorema 1.18 *Data una funzione f avente per dominio un intervallo I,*
   se

   I) f è derivabile

   II) f′ è limitata

allora
   la funzione f è lipschitziana.

Dimostrazione
Comunque si fissino due punti x_1 e x_2 in I tra loro distinti, la *restrizione* di f avente per *dominio* l'intervallo di estremi x_1 e x_2, per la I), verifica le ipotesi del *teorema 1.9* (Teorema di Lagrange) quindi esiste almeno un punto ξ interno all'intervallo di estremi x_1 e x_2 per cui si ha:

$$|f(x_1) - f(x_2)| = |f'(\xi)| \cdot |x_1 - x_2| \qquad (1.42)$$

Per l'ipotesi II) esiste un numero $L > 0$ tale che $\forall x \in I$ risulta $|f'(x)| \leq L$ e quindi il secondo membro della (1.42) può essere cosí maggiorato:

$$|f'(\xi)| \cdot |x_1 - x_2| \leq L \cdot |x_1 - x_2| \qquad ; \qquad (1.43)$$

la (1.43) ci consente di concludere che:

$$|f(x_1) - f(x_2)| \leq L \cdot |x_1 - x_2|$$

e pertanto la funzione f è lipschitziana.

c.v.d.

Poiché sappiamo dal *teorema 3.24* del libro "Limiti e continuità" che se una funzione è *lipschitziana* allora è *uniformemente continua*, il teorema ora dimostrato ci fornisce una comoda *condizione sufficiente* di uniforme continuitá che è questa:

– Condizione sufficiente affinché una funzione f avente per dominio un intervallo I sia uniformemente continua è che sia derivabile e la funzione derivata sia limitata.

Per scandagliare completamente la relazione tra derivabilità e lipschitzianità di una funzione, diamo quest'ultimo teorema:

Teorema 1.19 *Data una funzione f avente per dominio un intervallo I, se:*

I) f è lipschitziana

II) f è derivabile

allora
  la funzione f' è limitata.

Dimostrazione
Poiché per l'ipotesi I) la funzione f è lipschitziana, esiste un numero $L > 0$ tale che

$$\forall x_1, x_2 \in I \text{ con } x_1 \neq x_2 \text{ risulta}$$

$$\frac{|f(x_1) - f(x_2)|}{|x_1 - x_2|} \leq L \quad \text{cioè} \quad \left| \frac{f(x_1) - f(x_2)}{x_1 - x_2} \right| \leq L.$$

Se pensiamo al solito il punto $x_2 \in I$ (qualunque esso sia) *fisso* ed il punto x_1 *variabile* in I, l'ipotesi II) ci assicura che

$$\lim_{x_1 \to x_2} \left| \frac{f(x_1) - f(x_2)}{x_1 - x_2} \right| = |f'(x_2)| \qquad , \forall x_2 \in I$$

ed il *teorema 2.2* del libro "Limiti e continuità" che

$$|f'(x_2)| \leq L \qquad , \forall x_2 \in I$$

quindi la funzione f' è limitata.

c.v.d.

Restano ora da esaminare i due problemi rimasti aperti alla fine del paragrafo 1.10; di essi ci occuperemo nel prossimo capitolo.

Invitiamo intanto lo Studente a risolvere gli esercizi che trova qui di seguito proposti.

Esercizi sugli argomenti trattati nel Capitolo 1

Sulla funzione rapporto incrementale

Dalla definizione di funzione *rapporto incrementale* data nel paragrafo 1.1 segue che:

- Assegnata una funzione f di dominio A, si può costruire una funzione *rapporto incrementale* in corrispondenza ad ogni punto x_0 di A. Se A è un insieme infinito, si possono costruire quindi infinite funzioni *rapporto incrementale*: una per ogni punto $x_0 \in A$.

Ciò premesso, per assimilare bene tale concetto, proponiamo alcuni esercizi:

Esercizio 1.1 *Data la funzione*

$$f : y = f(x) = \sqrt{x} \quad , x \in A = [0, +\infty)$$

costruire la funzione rapporto incrementale R *relativa ai punti* $x_0 = 0$; $x_0 = 1$ *e* $x_0 = 5$.

Esercizio 1.2 *Data la funzione*

$$f : y = f(x) = x^2 \quad , x \in A = (-\infty, 0] \cup \{1\}$$

costruire la funzione rapporto incrementale R *relativa al punto* $x_0 = 1$ *e dire se ha senso effettuare l'operazione di limite:* $\lim_{x \to 1} R(x)$.

Esercizio 1.3 *Data la funzione*

$$f : y = f(x) = \begin{cases} x^2 + 1 & , x \in (-\infty, 0] \\ \log x & , x \in (0, +\infty) \end{cases}$$

costruire la funzione rapporto incrementale *R relativa ai punti* $x_0 = -1$, $x_0 = 0$ *e* $x_0 = 3$.

Esercizio 1.4 *Data la funzione*

$$f : y = f(x) = \begin{cases} x^2 & , x \in (-\infty, 0] \\ 1 + x^2 & , x \in (0, +\infty) \end{cases}$$

a) *costruire la funzione* rapporto incrementale *R relativa al punto* $x_0 = 0$

b) *calcolare* $R(-2)$ *e* $R(-3)$

c) *dire quale è il significato geometrico di* $R(-2)$ *e* $R(-3)$

Esercizio 1.5 *Data una funzione f continua in un* intervallo *I sia* x_0 *un punto di I e R la funzione* rapporto incrementale *relativa ad esso. Dire quali delle seguenti affermazioni sono vere e quali false:*

a) *ha senso effettuare l'operazione di limite* $\lim_{x \to x_0} R(x)$

b) *se* x_0 *è un punto interno ad I può accadere che esistano* $\lim_{x \to x_0^-} R(x)$, $\lim_{x \to x_0^+} R(x)$ *e siano diversi tra loro*

c) *il punto* x_0 *fissato è un punto singolare per la funzione R*

d) *sicuramente esiste finito* $\lim_{x \to x_0} R(x)$

A titolo di esempio risolviamo gli esercizi 1.1 e 1.3.

Esercizio 1.1

Ricordando che la funzione *rapporto incrementale* R di una funzione f relativa ad un punto x_0 del suo dominio A è:

$$R : y = R(x) = \frac{f(x) - f(x_0)}{x - x_0} \quad , x \in A' = A - \{x_0\}$$

nel caso della funzione f in esame si ha:

– se è $x_0 = 0$ allora
$$R : y = R(x) = \frac{f(x) - f(0)}{x - 0} = \frac{\sqrt{x}}{x} \qquad x \in A' = (0, +\infty)$$

– se è $x_0 = 1$ allora
$$R : y = R(x) = \frac{f(x) - f(1)}{x - 1} = \frac{\sqrt{x} - 1}{x - 1} \qquad x \in A' = [0, 1) \cup (1, +\infty)$$

– se è $x_0 = 5$ allora
$$R : y = R(x) = \frac{f(x) - f(5)}{x - 5} = \frac{\sqrt{x} - \sqrt{5}}{x - 5} \qquad x \in A' = [0, 5) \cup (5, +\infty)$$

Esercizio 1.3

– se è $x_0 = -1$ allora
$$R : y = R(x) = \frac{f(x) - f(-1)}{x - (-1)} = \frac{f(x) - f(-1)}{x + 1} =$$

$$= \begin{cases} \frac{(x^2 + 1) - 2}{x + 1} = \frac{x^2 - 1}{x + 1} = x - 1 \quad , x \in (-\infty, -1) \cup (-1, 0] \\[2em] \frac{\ln x - 2}{x + 1} \qquad\qquad\qquad\qquad , x \in (0, +\infty) \end{cases}$$

– se è $x_0 = 0$ allora
$$R : y = R(x) = \frac{f(x) - f(0)}{x - 0} =$$

$$= \begin{cases} \frac{(x^2 + 1) - 1}{x} = x \quad , x \in (-\infty, 0) \\[2em] \frac{\ln x - 1}{x} \qquad\qquad , x \in (0, +\infty) \end{cases}$$

– se è $x_0 = 3$ allora

$$R : y = \ R(x) = \frac{f(x)-f(3)}{x-3} =$$

$$= \begin{cases} \frac{(x^2+1)-\ln 3}{x-3} & , x \in (-\infty, 0] \\[2mm] \frac{\ln x - \ln 3}{x-3} & , x \in (0,3) \cup (3, +\infty) \end{cases}$$

Sulla definizione di derivata e sul significato geometrico di essa

Esercizio 1.6 *Facendo uso della definizione, dire se le seguenti funzioni sono derivabili nei punti a fianco indicati e dare l'interpretazione geometrica del risultato:*

a) $f : y = f(x) = x^3$, $x \in A = (-\infty, +\infty)$, $x_0 = 1$

b) $f : y = f(x) = \sqrt{x+1}$, $x \in A = [-1, +\infty)$, $x_0 = 3$

c) $f : y = f(x) = \sinh x$, $x \in A = (-\infty, +\infty)$, $x_0 = 0$

d) $f : y = f(x) = \ln(x^2 + 5)$, $x \in A = (-\infty, +\infty)$, $x_0 = 0$

e) $f : y = f(x) = \begin{cases} (e^x - 1) \cdot \sin \frac{1}{x} \\ 0 \end{cases}$ $\begin{array}{l} , x \in (-\infty, 0) \cup (0, +\infty) \\ , x = 0 \end{array}$, $x_0 = 0$

f) $f : y = f(x) = \begin{cases} x^2 \\ x^2 + 1 \end{cases}$ $\begin{array}{l} , x \in (-\infty, 0] \\ , x \in (0, +\infty) \end{array}$, $x_0 = 0$

g) $f : y = f(x) = \begin{cases} \sin^2 x \cdot \sin \frac{1}{x} & , x \in (-\infty, 0) \cup (0, +\infty) \\ 0 & , x = 0 \end{cases}$, $x_0 = 0$

h) $f : y = f(x) = |x| \cdot \sin x$, $x \in A = (-\infty, +\infty)$, $x_0 = 0$

i) $f : y = f(x) = |x^2 - 1|$, $x \in A = (-\infty, +\infty)$, $x_0 = 1$

Esercizio 1.7 *Determinare i valori del parametro reale $\alpha \geq 0$ per i quali la funzione*

$$f : y = f(x) = \begin{cases} |x|^\alpha \cdot \sin \frac{1}{x} & , x \in (-\infty, 0) \cup (0, +\infty) \\ 0 & , x = 0 \end{cases}$$

a) *è continua nel punto $x_0 = 0$*

b) *è derivabile nel punto $x_0 = 0$*

c) *è continua ma non è derivabile nel punto $x_0 = 0$*

Esercizio 1.8 *Determinare i valori del parametro reale $\alpha \geq 0$ per i quali la funzione*

$$f : y = f(x) = \begin{cases} \alpha x^2 + (\alpha + 1)x + \alpha^2 - \alpha & , x \in (-\infty, 0] \\ \sin x & , x \in (0, +\infty) \end{cases}$$

a) *è continua nel punto $x_0 = 0$*

b) *è derivabile nel punto $x_0 = 0$*

c) *è continua ma non è derivabile nel punto $x_0 = 0$*

Esercizio 1.9 *Date due funzioni derivabili*

$$f : y = f(x) \quad , x \in [0, 10]$$
$$g : y = g(x) \quad , x \in [0, 10]$$

e costruita la funzione:

$$\varphi : y = \varphi(x) = \begin{cases} f(x) & , x \in [0,5] \\ g(x) & , x \in (5,10] \end{cases}$$

dire:

a) *sotto quale condizione per f e g la funzione φ è continua nel punto $x_0 = 5$*

b) *sotto quali condizioni per f e g la funzione φ è derivabile nel punto $x_0 = 5$*

Esercizio 1.10 *Date due funzioni derivabili f e g aventi per dominio $A = [a,b]$, sia x_0 un punto di (a,b).*
Dire sotto quali condizioni per f e g i loro diagrammi sono tangenti nel punto P_0 di ascissa x_0.

Esercizio 1.11 *Sia f una funzione derivabile di dominio $A = [a,b]$.*
Se:

I) $f(a) = f(b) = 0$

II) $f'(a) = f'(b) = 3$

dire se è certo che esiste almeno un punto $\xi \in (a,b)$ tale che $f(\xi) = 0$.

Esercizio 1.12 *Data una funzione f avente per dominio un intervallo I, dire quali delle seguenti affermazioni sono vere e quali false:*

a) *Se f è derivabile allora in ogni punto del suo diagramma esiste la retta tangente e non é mai verticale.*

b) *Se in ogni punto del suo diagramma esiste la retta tangente allora f è derivabile.*

c) *Se f è derivabile allora il suo diagramma non presenta interruzioni.*

d) *Se il suo diagramma non presenta interruzioni allora f può essere derivabile.*

e) Se il suo diagramma non presenta interruzioni allora f può non essere derivabile.

A titolo di esempio risolviamo gli esercizi *1.6a, 1.6c, 1.6e, 1.6f, 1.7, 1.9* e *1.11*.

Esercizio 1.6

a) $\lim\limits_{x \to x_0} \dfrac{f(x)-f(x_0)}{x-x_0} = \lim\limits_{x \to 1} \dfrac{f(x)-f(1)}{x-1} = \lim\limits_{x \to 1} \dfrac{x^3-1}{x-1} = \lim\limits_{x \to 1} \dfrac{\cancel{(x-1)}\cdot(x^2+x+1)}{\cancel{x-1}} =$

$$= \lim\limits_{x \to 1}(x^2+x+1) = 3 = f'(1)$$

Conclusione:

la funzione è derivabile nel punto $x_0 = 1$ e la derivata è $f'(1) = 3$; nel punto $P_0(1, f(1))$ del suo diagramma esiste pertanto la retta tangente e la sua equazione è:

$$y - 1 = 3 \cdot (x-1) \quad \text{cioè} \quad y = 3x - 2$$

c) $\lim\limits_{x \to x_0} \dfrac{f(x)-f(x_0)}{x-x_0} = \lim\limits_{x \to 0} \dfrac{f(x)-f(0)}{x-0} = \lim\limits_{x \to 0} \dfrac{\sinh x - \sinh 0}{x-0} =$ [15]

$$= \lim\limits_{x \to 0} \dfrac{\frac{e^x - e^{-x}}{2} - 0}{x} = \lim\limits_{x \to 0} \dfrac{e^x - e^{-x}}{2x} =$$

$$= \lim\limits_{x \to 0} \dfrac{e^x - 1 + 1 - e^{-x}}{2x} = \lim\limits_{x \to 0} \dfrac{(e^x - 1) - (e^{-x} - 1)}{2x} =$$

$$= \lim\limits_{x \to 0} \dfrac{x - (-x)}{2x} = \lim\limits_{x \to 0} \dfrac{2x}{2x} = \lim\limits_{x \to 0} 1 = 1 = f'(0)$$

Conclusione:

la funzione è derivabile nel punto $x_0 = 0$ e la derivata è $f'(0) = 1$; nel punto $P_0(0, f(0))$ del suo diagramma esiste pertanto la retta tangente e la sua equazione è:

$$y - 0 = 1 \cdot (x - 0) \quad \text{cioè} \quad y = x$$

---

[15]Ricordiamo che la funzione "seno iperbolico" è stata definita nel libro "Funzioni reali di una variabile reale", paragrafo 4.5.

$e)$ $\displaystyle\lim_{x\to x_0} \frac{f(x)-f(x_0)}{x-x_0} = \lim_{x\to 0} \frac{f(x)-f(0)}{x-0} = \lim_{x\to 0} \frac{\left[(e^x-1)\cdot\sin\frac{1}{x}\right]-0}{x-0} =$

$$= \lim_{x\to 0} \frac{x\cdot\sin\frac{1}{x}}{x} = \lim_{x\to 0} \sin\frac{1}{x} \quad \text{non esiste}$$

Come si vede, non esistono neanche i limiti sinistro e destro.

Conclusione:

la funzione non è derivabile nel punto $x_0 = 0$ ed in tale punto non esistono neanche le derivate sinistra e destra; nel punto $P_0(0, f(0))$ del suo diagramma non esistono pertanto rette tangenti.

$f)$ Poiché la legge d'associazione f della funzione, a sinistra ed a destra del punto $x_0 = 0$ è rappresentata da due "formule" differenti, anche la legge d'associazione R della funzione *rapporto incrementale* relativa al punto $x_0 = 0$ è rappresentata da due "formule" differenti e pertanto occorre eseguire su di essa separatamente le operazioni di limite sinistro e destro.

Si ha:

$\displaystyle\lim_{x\to x_0^-} \frac{f(x)-f(x_0)}{x-x_0} = \lim_{x\to 0^-} \frac{f(x)-f(0)}{x-0} = \lim_{x\to 0^-} \frac{x^2-0}{x-0} =$

$$= \lim_{x\to 0^-} x = 0 = f'_-(0)$$

$\displaystyle\lim_{x\to x_0^+} \frac{f(x)-f(x_0)}{x-x_0} = \lim_{x\to 0^+} \frac{f(x)-f(0)}{x-0} = \lim_{x\to 0^+ -} \frac{(x^2+1)-0}{x-0} =$

$$= \lim_{x\to 0^+} \frac{x^2+1}{x} = +\infty$$

Conclusione:

la funzione non è derivabile nel punto $x_0 = 0$; la derivata sinistra è $f'_-(0) = 0$; la derivata destra $f'_+(0)$ non esiste perché il limite destro della funzione *rapporto incrementale* è $+\infty$.

Che la funzione non sia *derivabile* in $x_0 = 0$ non deve meravigliare, perché essa non è *continua* in tale punto.

Esercizio 1.7

Poiché $\quad \lim_{x \to 0} f(x) = \lim_{x \to 0} \left(|x|^\alpha \cdot \sin \tfrac{1}{x} \right) = \begin{cases} 0 = f(0) & , \text{ se è } \alpha > 0 \\ \text{non esiste} & , \text{ se è } \alpha = 0 \end{cases}$

concludiamo che la funzione *non è continua* nel punto $x_0 = 0$ se è $\alpha = 0$; non essendo quindi continua, *non è derivabile* per $\alpha = 0$.

Per $\alpha > 0$, essendo la funzione continua nel punto $x_0 = 0$, a-priori può essere derivabile oppure no.

Per vedere per quali valori di $\alpha > 0$ la funzione è derivabile in $x_0 = 0$, costruiamo la funzione *rapporto incrementale* relativa al punto $x_0 = 0$ ed eseguiamo su di essa le operazioni di limite per $x \to 0^-$ e $x \to 0^+$.

Si ha:

$$R : y = R(x) = \frac{\left(|x|^\alpha \cdot \sin \tfrac{1}{x} \right) - 0}{x - 0} = \frac{|x|^\alpha \cdot \sin \tfrac{1}{x}}{x} \quad , x \in (-\infty, 0) \cup (0, +\infty)$$

$$\lim_{x \to 0^-} R(x) = \lim_{x \to 0^-} \frac{|x|^\alpha \cdot \sin \tfrac{1}{x}}{x} = \lim_{x \to 0^-} \frac{|x|^\alpha \cdot \sin \tfrac{1}{x}}{-|x|} =$$

$$= - \lim_{x \to 0^-} \left(|x|^{\alpha-1} \cdot \sin \tfrac{1}{x} \right) = \begin{cases} 0 = f'_-(0) & \text{se è } \alpha - 1 > 0 \\ \text{non esiste} & \text{se è } \alpha - 1 \le 0 \end{cases}$$

$$\lim_{x \to 0^+} R(x) = \lim_{x \to 0^+} \frac{|x|^\alpha \cdot \sin \tfrac{1}{x}}{x} = \lim_{x \to 0^+} \frac{|x|^\alpha \cdot \sin \tfrac{1}{x}}{|x|} =$$

$$= \lim_{x \to 0^+} \left(|x|^{\alpha-1} \cdot \sin \tfrac{1}{x} \right) = \begin{cases} 0 = f'_+(0) & \text{se è } \alpha - 1 > 0 \\ \text{non esiste} & \text{se è } \alpha - 1 \le 0 \end{cases}$$

Conclusione:

per $\alpha > 1$ esistono in $x_0 = 0$ le derivate $f'_-(0)$ e $f'_+(0)$ e sono uguali tra loro; la funzione è pertanto derivabile in tale punto. Per $\alpha \in (0, 1]$, la funzione è *continua* ma *non è derivabile*.

Esercizio 1.9

a) La funzione φ è continua nel punto $x_0 = 5$ $\quad$ se $\quad \lim_{x \to 5^+} g(x) = f(5)$

109

b) La funzione φ è derivabile nel punto $x_0 = 5$ se $\displaystyle\lim_{x \to 5^+} \frac{g(x) - f(5)}{x - 5} = f'(5)$

Esercizio 1.11

Siano

$$R_1 : y = R_1(x) = \frac{f(x) - f(a)}{x - a} \quad , x \in (a, b]$$

e

$$R_2 : y = R_2(x) = \frac{f(x) - f(b)}{x - b} \quad , x \in [a, b)$$

le funzioni *rapporto incrementale* della funzione f relative ai punti $x_0 = a$ e $x_0 = b$.

Per l'ipotesi II) e per il *teorema 2.6* del libro "Limiti e continuità", esiste un intorno $I_1(a, \delta_1)$ di a ed un intorno $I_2(b, \delta_2)$ di b tali che tutti i punti $x \in I_1(a, \delta_1) \cap (a, b]$ e tutti i punti $x \in I_2(b, \delta_2) \cap [a, b)$ hanno le rispettive immagini $R_1(x)$ e $R_2(x)$ dello stesso segno di $f'(a)$ e di $f'(b)$ cioè positive.

Da

$R_1(x) = \frac{f(x) - f(a)}{x - a} > 0$, poiché è $x - a > 0$, segue che è $f(x) - f(a) > 0$ cioè $f(x) > f(a)$.

Da

$R_2(x) = \frac{f(x) - f(b)}{x - b} > 0$, poiché è $x - b < 0$, segue che è $f(x) - f(b) < 0$ cioè $f(x) < f(b)$.

Poiché per l'ipotesi I) è $f(a) = f(b) = 0$ possiamo concludere che:

se $x \in I_1(a, \delta_1) \cap (a, b]$ risulta $f(x) > 0$

e

se $x \in I_2(b, \delta_2) \cap [a, b)$ risulta $f(x) < 0$

Se scegliamo un punto $x_1 \in I_1(a, \delta_1) \cap (a, b]$ ed un punto $x_2 \in I_2(b, \delta_2) \cap [a, b)$ e consideriamo la *restrizione* di f avente per dominio $[x_1, x_2]$, quest'ultima verificando le ipotesi del *teorema 3.5* (teorema di esistenza degli zeri) ne verifica pure la tesi, quindi esiste un punto $\xi \in (x_1, x_2)$ in cui risulta $f(\xi) = 0$.

Sull'uso delle regole di derivazione

Esercizio 1.13 *Servendosi della tabella delle derivate e delle regole di derivazione (paragrafo 1.7), verificare che:*

a) $\quad (e^x + \cos x)'$ $\qquad\qquad = e^x - \sin x$

b) $\quad (7\sqrt{x})'$ $\qquad\qquad = \frac{7}{2\sqrt{x}}$

c) $\quad (3\sin x + 4\ln x)'$ $\qquad\qquad = 3\cos x + \frac{4}{x}$

d) $\quad \left(\frac{1}{4}x^4 - \frac{1}{3}x^3 + \frac{3}{2}x^2 - x\right)'$ $\qquad\qquad = x^3 - x^2 + 3x - 1$

e) $\quad (\tan x - x)'$ $\qquad\qquad = \tan^2 x$

f) $\quad (\sin x \cdot \cos x + x)'$ $\qquad\qquad = 2 \cdot \cos^2 x$

g) $\quad [x \cdot (\ln x - 1)]'$ $\qquad\qquad = \ln x$

h) $\quad \left(\frac{x+\sin x}{x-\sin x}\right)'$ $\qquad\qquad = \frac{2 \cdot (x \cdot \cos x - \sin x)}{(x-\sin x)^2}$

i) $\quad \left(\frac{e^x \cdot \sin x}{\sin x - \cos x}\right)'$ $\qquad\qquad = \frac{-e^x \cdot (1+\tan x)}{(1-\tan x)^2}$

j) $\quad \left(\ln \sqrt{\sin^3 \frac{\pi}{3}}\right)'$ $\qquad\qquad = 0$

k) $\quad [\ln(\sin x)]'$ $\qquad\qquad = \cotan x$

l) $\quad [\arcsin(\cos x)]'$ $\qquad\qquad = -\frac{\sin x}{|\sin x|}$

m) $\quad (\arcsin x - \sqrt{1-x^2})'$ $\qquad\qquad = \sqrt{\frac{1+x}{1-x}}$

n) $\quad [x \cdot \tan x + \ln(\cos x)]'$ $\qquad\qquad = \frac{x}{\cos^2 x}$

o) $\quad \left(e^x \cdot \tan \frac{x}{2}\right)'$ $\qquad\qquad = e^x \cdot \frac{1+\sin x}{1+\cos x}$

111

p) $(3^x)'$ $\qquad\qquad\qquad\qquad = 3^x \cdot \ln 3$

q) $(x^{\ln x})'$ $\qquad\qquad\qquad = 2 \cdot x^{\ln x - 1} \cdot \ln x$

r) $[(\sin x)^{\tan x}]'$ $\qquad\quad = (\sin x)^{\tan x} \cdot \left(1 + \frac{\ln(\sin x)}{\cos^2 x}\right)$

s) $(\arctan 3^x)'$ $\qquad\quad = \frac{3^x \cdot \ln 3}{1 + 3^{2x}}$

t) $(\log_x (x+1))'$ $\qquad = \frac{x \cdot \ln x - (x+1) \cdot \ln(x+1)}{x \cdot (x+1) \cdot (\ln x)^2}$

u) $\left(\ln \sqrt{\frac{x-1}{x+1}}\right)'$ $\qquad = \frac{1}{x^2 - 1}$

Esercizio 1.14 *Sia f una funzione derivabile di dominio $A = (-\infty, +\infty)$ e g un'altra funzione derivabile tale da poter costruire la funzione composta:*

$$h : y = h(x) = (g \circ f)(x) = g[f(x)] \quad , x \in A = (-\infty, +\infty)$$

Sapendo che $\quad h'(3) = 4; \ f'(3) = 2 \ e \ f(3) = 7$
calcolare $g'(7)$.

Esercizio 1.15 *Sia f una funzione derivabile di dominio $A = (-\infty, +\infty)$. Se:*

1. $[f(x)]^3 + 3x \cdot f(x) - 5x = 0$

2. $f(\frac{1}{2}) = 1$

calcolare $f'(\frac{1}{2})$.

Esercizio 1.16 *Siano f e g due funzioni derivabili tali da poter costruire la funzione composta $g \circ f$.*
    Sapendo che:

$$g[f(x)] = x \quad , \quad f(5) = 3 \quad e \quad f'(5) = 2 \quad ,$$

calcolare $\quad g'(3)$.

Esercizio 1.17 *Sapendo che f e g sono due funzioni derivabili e che soddisfano le seguenti condizioni:*

$$f(x) = g(f(x) + x) \cdot g(x^2)$$
$$f(1) = 0$$
$$g(1) = 2$$
$$g'(1) = 1$$

calcolare $f'(1)$

Esercizio 1.18 *Sapendo che la funzione*

$$f : y = f(x) = 6x^5 - 15x^4 + 10x^3 \quad , x \in A = (-\infty, +\infty)$$

è invertibile

1. *dire se la funzione inversa f^{-1} è derivabile in ogni punto del suo dominio.*

2. *calcolare $(f^{-1})'(32)$ sapendo che $f(2) = 32$.*

Esercizio 1.19 *Sapendo che la funzione*

$$f : y = f(x) = x^3 + x + 1 \quad , x \in A = (-\infty, +\infty)$$

è invertibile

1. *provare che la funzione inversa f^{-1} è derivabile.*

2. *calcolare $(f^{-1})'(1)$.*

A titolo di esempio, risolviamo gli esercizi *1.13b, 1.13f, 1.13l, 1.13q, 1.13u, 1.14, 1.15, e 1.18.*

Esercizio 1.13b

$$(7\sqrt{x})' = (7 \cdot x^{\frac{1}{2}})' = 7(x^{\frac{1}{2}})' = 7 \cdot \frac{1}{2} x^{\frac{1}{2}-1} = \frac{7}{2} \cdot x^{-\frac{1}{2}} = \frac{7}{2\sqrt{x}}$$

113

Esercizio 1.13f

$$(\sin x \cdot \cos x + x)' \quad = (\sin x \cdot \cos x)' + (x)' =$$
$$= (\sin x)' \cdot \cos x + \sin x \cdot (\cos x)' + (x)' =$$
$$= \cos x \cdot \cos x + \sin x \cdot (-\sin x) + 1 =$$
$$= \cos^2 x - \sin^2 x + 1 = \cos^2 x + (1 - \sin^2 x) =$$
$$= 2\cos^2 x$$

Esercizio 1.13l

$$[\arcsin(\cos x)]' = \frac{1}{\sqrt{1 - \cos^2 x}} \cdot (\cos x)' = \frac{1}{|\sin x|} \cdot (-\sin x) = -\frac{\sin x}{|\sin x|}$$

Esercizio 1.13q

$$(x^{\ln x})' = \left(e^{\ln x \cdot \ln x}\right)' = \left[e^{(\ln x)^2}\right]' = e^{(\ln x)^2} \cdot 2 \cdot \ln x \cdot \frac{1}{x} = x^{\ln x} \cdot 2 \cdot \ln x \cdot \frac{1}{x} = 2 \cdot x^{\ln x - 1} \cdot \ln x$$

Esercizio 1.13u

$$\left(\ln \sqrt{\frac{x-1}{x+1}}\right)' \quad = \left[\ln \left(\frac{x-1}{x+1}\right)^{\frac{1}{2}}\right]' = \left(\frac{1}{2}\ln \frac{x-1}{x+1}\right)' =$$
$$= \frac{1}{2}\left(\ln \frac{x-1}{x+1}\right)' = \frac{1}{2} \cdot \frac{x+1}{x-1} \cdot \frac{(x-1)'\cdot(x+1)-(x-1)\cdot(x+1)'}{(x+1)^2} =$$
$$= \frac{1}{2}\frac{1\cdot(x+1)-(x-1)\cdot 1}{(x-1)(x+1)} = \frac{2}{2(x^2-1)} = \frac{1}{x^2-1}$$

Esercizio 1.14

Utilizzando il *teorema 1.6* si ha:

$$h'(x) = g'[f(x)] \cdot f'(x) \quad , \forall x \in A = (-\infty, +\infty)$$

da cui

$$h'(3) = g'[f(3)] \cdot f'(3) \qquad .$$

Sapendo che: $h'(3) = 4$, $f'(3) = 2$, $f(3) = 7$, sostituendo tali valori nella relazione precedente, si ha:

$4 = g'(7) \cdot 2$ e quindi $g'(7) = \frac{4}{2} = 2$.

Esercizio 1.15

L'ipotesi I) ci dice che la funzione che compare al primo membro è costante (la costante vale 0) e pertanto la sua derivata prima è la funzione identicamente nulla.

Abbiamo allora:

$$\left([f(x)]^3 + 3x \cdot f(x) - 5x\right)' = 0$$

Eseguendo l'operazione di derivazione si ha:

$$3 \cdot [f(x)]^2 \cdot f'(x) + 3 \cdot f(x) + 3 \cdot x \cdot f'(x) - 5 = 0 \quad , x \in A = (-\infty, +\infty)$$

da cui

$$3 \cdot \left[f\left(\frac{1}{2}\right)\right]^2 \cdot f'\left(\frac{1}{2}\right) + 3 \cdot f\left(\frac{1}{2}\right) + 3 \cdot \frac{1}{2} \cdot f'\left(\frac{1}{2}\right) - 5 = 0.$$

Sapendo che $f(\frac{1}{2}) = 1$, sostituendo tale valore nella relazione precedente, si ha:

$$3 \cdot 1^2 \cdot f'\left(\frac{1}{2}\right) + 3 \cdot 1 + \frac{3}{2} \cdot f'\left(\frac{1}{2}\right) - 5 = 0$$

e quindi

$$\left(3 + \frac{3}{2}\right) f'\left(\frac{1}{2}\right) = 5 - 3$$

da cui

$$f'\left(\frac{1}{2}\right) = 2 \cdot \frac{2}{9} = \frac{4}{9}$$

Esercizio 1.18

a) La funzione f^{-1} è derivabile se risulta:

$$f'(x) = 30x^4 - 60x^3 + 30x^2 = 30x^2(x^2 - 2x + 1) = 30x^2 \cdot (x - 1)^2 \neq 0,$$
$$x \in A = (-\infty, +\infty).$$

Poiché è $f'(x) = 0$ in $x_0 = 0$ e $x_1 = 1$, concludiamo che la funzione f^{-1} non è derivabile nei punti $y_0 = f(x_0) = f(0) = 0$ e $y_1 = f(x_1) = f(1) = 1$ pertanto non è derivabile non essendolo in tutti i punti del suo dominio.

b) $(f^{-1})'(32) = \frac{1}{f'(2)} = \frac{1}{120}$.

Sulle derivate successive

Esercizio 1.20 *Calcolare le derivate seconde delle funzioni le cui leggi d'associazione sono rappresentate dalle "formule" seguenti:*

a) $y = \frac{1}{x}$

b) $y = \ln x$

c) $y = \sin x + \cos x$

d) $y = x \cdot \cos x$

e) $y = x^2 + 3 \cdot \sin x - 8 \cdot \cos x + 1$

Esercizio 1.21 *Data la funzione*

$$f : y = f(x) = a_0 \cdot x^n + a_1 \cdot x^{n-1} + a_2 \cdot x^{n-2} + \cdots + a_{n-1} \cdot x + a_n \quad , x \in A = (-\infty, +\infty)$$

(dove $a_0, a_1, a_2, \ldots, a_n$ sono costanti reali assegnate e $a_0 \neq 0$)
è certo che le derivate di ordine maggiore di n sono funzioni identicamente nulle?

Esercizio 1.22 *Data la funzione*

$$g : y = g(x) = \sqrt{1 - f(x)} \quad , x \in A \subseteq \mathbb{R}$$

e sapendo che:

$$f(-2) = -3, \quad f'(-2) = 3, \quad e \; f''(-2) = 5$$

calcolare $g''(-2)$.

Esercizio 1.23 *Data la funzione*

$$f : y = f(x) = e^{-x} \cdot \cos x \quad , x \in A = (-\infty, +\infty)$$

calcolare $f^{IV}(x) + 4 \cdot f(x)$

Esercizio 1.24 *Provare che ciascuna delle seguenti affermazioni è vera:*

a) *Se* $f(x) = 5x^2$, $x \in A = (-\infty, +\infty)$
   allora $x^2 \cdot f''(x) = 2 \cdot f(x)$, $\forall x \in A$.

b) *Se* $f(x) = \frac{1}{x}$, $x \in A = (-\infty, 0) \cup (0, +\infty)$
   allora $f''(x) = 2 \cdot [f(x)]^3$, $\forall x \in A$.

c) *Se* $f(x) = H \cdot \cos(\omega x) + K \cdot \sin(\omega x)$, $x \in A = (-\infty, +\infty)$
   (dove H, K, ω sono costanti reali assegnate)
   allora $f''(x) + \omega^2 \cdot f(x) = 0$, $\forall x \in A$

d) *Se* $f(x) = H \cdot e^{rx} + K \cdot e^{sx}$, $x \in A = (-\infty, +\infty)$
   (dove H, K, r, s sono costanti reali assegnate)
   allora $f''(x) - (r + s) \cdot f'(x) + (r \cdot s) \cdot f(x) = 0$, $\forall x \in A$

e) *Se* $f(x) = \sin(5 + x) - 3x - 2$, $x \in A = (-\infty, +\infty)$
   allora $[f'''(x)]^2 + [f''(x)]^2 = 1$, $\forall x \in A$

Esercizio 1.25 *Se f e g sono due funzioni dotate di derivate seconde e tali da poter costruire la funzione composta $g \circ f$, provare che*

$$(g \circ f)''(x) = g''[f(x)] \cdot [f'(x)]^2 + g'[f(x)] \cdot f''(x).$$

A titolo di esempio risolviamo gli esercizi *1.20c, 1.20d, 1.23* e *1.24e.*

Esercizio 1.20c

$$
\begin{aligned}
y &= \sin x + \cos x \\
y' &= (\sin x + \cos x)' = (\sin x)' + (\cos x)' = \cos x - \sin x \\
y'' &= (\cos x - \sin x)' = (\cos x)' - (\sin x)' = -\sin x - \cos x = \\
&= -(\sin x + \cos x)
\end{aligned}
$$

Esercizio 1.20d

$$
\begin{aligned}
y &= x \cdot \cos x \\
y' &= (x \cdot \cos x)' = 1 \cdot \cos x - x \cdot \sin x = \cos x - x \cdot \sin x \\
y'' &= (\cos x - x \cdot \sin x)' = (\cos x)' - (x \cdot \sin x)' = \\
&= -\sin x - (1 \cdot \sin x + x \cdot \cos x) = \\
&= -\sin x - \sin x - x \cdot \cos x = \\
&= -(2 \cdot \sin x + x \cdot \cos x)
\end{aligned}
$$

Esercizio 1.23

Dobbiamo calcolare $f^{IV}(x) + 4 \cdot f(x)$.

$f(x) \quad = e^{-x} \cdot \cos x$

$f'(x) \quad = (e^{-x} \cdot \cos x)' \qquad\qquad = -e^{-x} \cdot \cos x - e^{-x} \cdot \sin x =$
$\qquad\qquad\qquad\qquad\qquad\qquad\quad = -e^{-x}(\cos x + \sin x)$

$f''(x) \quad = [-e^{-x}(\cos x + \sin x)]' \qquad = e^{-x}(\cos x + \sin x) - e^{-x}(-\sin x + \cos x) =$
$\qquad\qquad\qquad\qquad\qquad\qquad\qquad\quad = e^{-x}(\cancel{\cos x} + \sin x + \sin x - \cancel{\cos x}) =$
$\qquad\qquad\qquad\qquad\qquad\qquad\qquad\quad = 2e^{-x} \cdot \sin x$

$f'''(x) \quad = 2(e^{-x} \cdot \sin x)' \qquad\qquad = -2e^{-x} \cdot \sin x + 2e^{-x} \cdot \cos x =$
$\qquad\qquad\qquad\qquad\qquad\qquad\qquad\quad = 2e^{-x} \cdot (-\sin x + \cos x)$

$f^{IV}(x) \quad = 2[e^{-x} \cdot (-\sin x + \cos x)]' \quad = -2e^{-x}(-\sin x + \cos x) +$
$\qquad\qquad\qquad\qquad\qquad\qquad\qquad\qquad\quad + 2e^{-x}(-\cos x - \sin x) =$
$\qquad\qquad\qquad\qquad\qquad\qquad\qquad\quad = -2e^{-x}(\cancel{-\sin x} + \cos x + \cos x + \cancel{\sin x}) =$
$\qquad\qquad\qquad\qquad\qquad\qquad\qquad\quad = -4e^{-x} \cdot \cos x$

$\qquad\qquad f^{IV}(x) + 4 \cdot f(x) \qquad\qquad = -4 \cdot e^{-x} \cdot \cos x + 4 \cdot e^{-x} \cdot \cos x = 0$

Esercizio 1.24e

Dobbiamo provare che $[f'''(x)]^2 + [f''(x)]^2 = 1, \quad \forall x \in A$.

$f(x) \qquad\qquad\qquad = \sin(5 + x) - 3x - 2$

$f'(x) \qquad\qquad\qquad = [\sin(5 + x) - 3x - 2]' = \cos(5 + x) \cdot 1 - 3 = \cos(5 + x) - 3$

$f''(x) \qquad\qquad\qquad = [\cos(5 + x) - 3]' = -\sin(5 + x) \cdot 1 = -\sin(5 + x)$

$f'''(x) \qquad\qquad\qquad = [-\sin(5 + x)]' = -\cos(5 + x) \cdot 1 = -\cos(5 + x)$

$[f'''(x)]^2 + [f''(x)]^2 \quad = [-\cos(5 + x)]^2 + [-\sin(5 + x)]^2 =$
$\qquad\qquad\qquad\qquad\quad = \cos^2(5 + x) + \sin^2(5 + x) = 1$

118

Sull'uso della regola di De l'Hospital

Esercizio 1.26 *Effettuare le seguenti operazioni di limite utilizzando la* regola di De l'Hospital, *se sono verificate le ipotesi della sua applicabilità,*

a) $\lim\limits_{x \to 0} \dfrac{x - \sin x}{x^3}$

b) $\lim\limits_{x \to 1} \dfrac{\ln(1-x)}{\operatorname{cotan}(1-x)}$

c) $\lim\limits_{x \to 0^+} \left(x \cdot e^{\frac{1}{x}} \right)$

d) $\lim\limits_{x \to 0} \left(\dfrac{1}{x^2} - \operatorname{cotan}^2 x \right)$

e) $\lim\limits_{x \to 0^+} \left(\dfrac{1}{x} \right)^{\tan x}$

Esercizio 1.27 *Dire se è lecito utilizzare la* regola di De l'Hospital *per effettuare l'operazione di limite:*

$$\lim_{x \to +\infty} \frac{x + \frac{1}{2} \cdot (1 + \sin(2x))}{e^{\sin x} \cdot \left(x + \frac{1}{2} \cdot \sin(2x) \right)}$$

A titolo di esempio risolviamo l'esercizio *1.26a.*

Esercizio 1.26a

$$\lim_{x \to 0} \frac{x - \sin x}{x^3} \overset{H}{=} \lim_{x \to 0} \frac{1 - \cos x}{3 \cdot x^2} \overset{H}{=} \lim_{x \to 0} \frac{\sin x}{6x} = \frac{1}{6}.$$

Sulle informazioni fornite dal segno delle derivate prima e seconda

Esercizio 1.28 *Data una funzione* $f : y = f(x)$ *,* $x \in A \subseteq \mathbb{R} \subset \widetilde{\mathbb{R}}$ *derivabile con* $f'(x) > 0$ *,* $\forall x \in A$ *(oppure con* $f'(x) < 0$ *,* $\forall x \in A$*) dire quali delle seguenti affermazioni sono vere e quali false:*

a) *Sicuramente la funzione è crescente (o decrescente) in ogni punto* $x \in A$.

b) *Sicuramente la funzione è monotòna crescente (o monotòna decrescente) se il dominio* A *é un intervallo* I.

c) *Sicuramente la funzione è dotata di funzione inversa.*

d) *Ogni restrizione di* f *avente per dominio un intervallo* I *è invertibile.*

Esercizio 1.29 *Data una funzione* $f : y = f(x)$ *,* $x \in A \subseteq \mathbb{R} \subset \widetilde{\mathbb{R}}$ *dotata di derivata prima e seconda in ogni punto* $x \in A$, *dire quali delle seguenti affermazioni sono vere e quali false:*

a) *Sia* x_0 *un punto interno ad* A; *se risulta* $f'(x_0) = 0$ *e* $f''(x_0) > 0$ *allora esiste un intorno* $I(x_0, \delta)$ *di* x_0 *tale che la restrizione di* f *avente per dominio* $I(x_0, \delta) \cap A$ *ha il diagramma al di sopra della retta di equazione* $y = f(x_0)$.

b) *I punti di flesso della funzione sono i punti di minimo e massimo relativo di* f' *interni ad* A.

c) *Se* x_0 *è un punto interno ad* A *e* $f''(x_0) \neq 0$ *allora il punto* x_0 *non può essere punto di flesso della funzione.*

Esercizio 1.30 *Data una funzione derivabile* f *di dominio* $A = (-\infty, +\infty)$, *se il diagramma di* f' *è quello di figura*

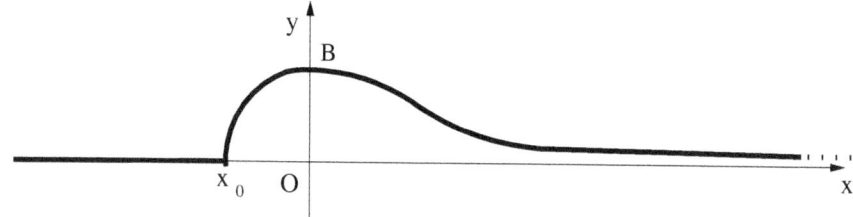

dire:

a) se f è uniformemente continua

b) se f è dotata di derivata seconda in ogni punto di A

c) se f ha punti di flesso

d) sapendo che $f(x_0) = 1$ e $f(0) = 5$, quale è il diagramma di f

Sui diagrammi delle funzioni

Nel disegnare i diagrammi delle funzioni proposte, invitiamo lo Studente a seguire lo schema che abbiamo elaborato nel paragrafo 1.21 ed a tener conto dei consigli dati nel paragrafo 1.22.

Esercizio 1.31 *Disegnare i diagrammi delle funzioni le cui leggi d'associazione sono rappresentate dalle seguenti "formule":*

a) $y = x^2 \cdot (x - 1)$

b) $y = x^{\frac{3}{2}}$

c) $y = \frac{x^2 + x - 2}{x^2 - 2x - 3}$

d) $y = \ln \sqrt{3 + e^x} - \frac{x}{2}$

e) $y = \frac{x^2 + |x|}{1 - |x|}$

f) $y = \frac{1 - 2\ln x}{x \cdot \ln x}$

g) $y = x + |x| + \ln \frac{2x-1}{x-1}$

h) $y = \left(1 - \frac{1}{\ln x}\right)^2$

i) $y = \left(1 + \frac{1}{x}\right)^x$

l) $y = \ln\left(\frac{1}{|x-1|} - 1\right)$

m) $y = \frac{|\ln|x||}{x}$

n) $y = x \cdot e^{\frac{3}{\ln x}}$

o) $y = x^2 \cdot \sqrt[3]{\ln x}$

Per dare modo allo Studente di verificare se ha operato correttamente, si riportano qui di seguito i diagrammi delle prime sei funzioni proposte.

Tali diagrammi, come quello della figura 1.27, sono stati tracciati con il programma *Mathplot* che inserisce, come unità di misura, i versori $\vec{i}$ e $\vec{j}$ degli assi cartesiani. Come abbiamo già detto a proposito della figura 1.27, si prega lo Studente di non tener conto della loro presenza.

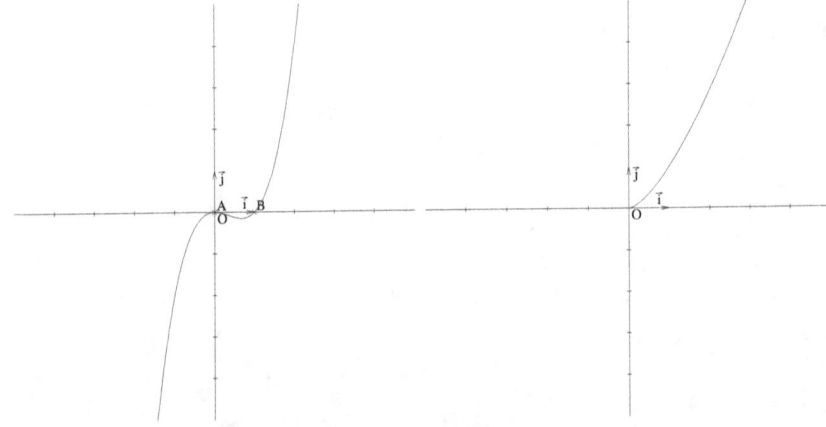

Figura 1.29: *a* e *b*

122

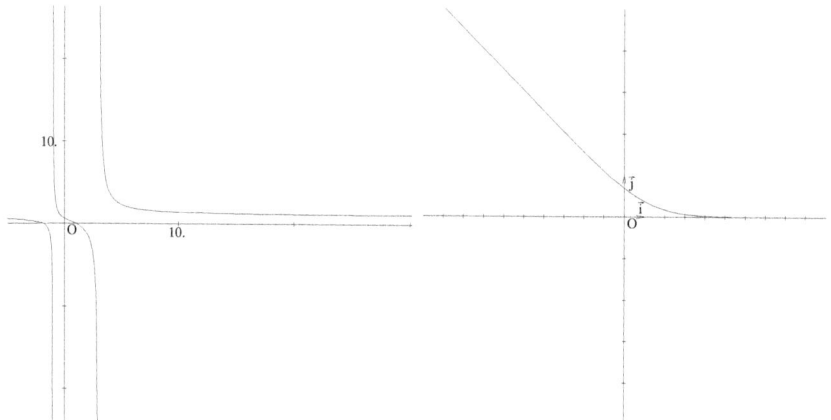

Figura 1.30: c e d

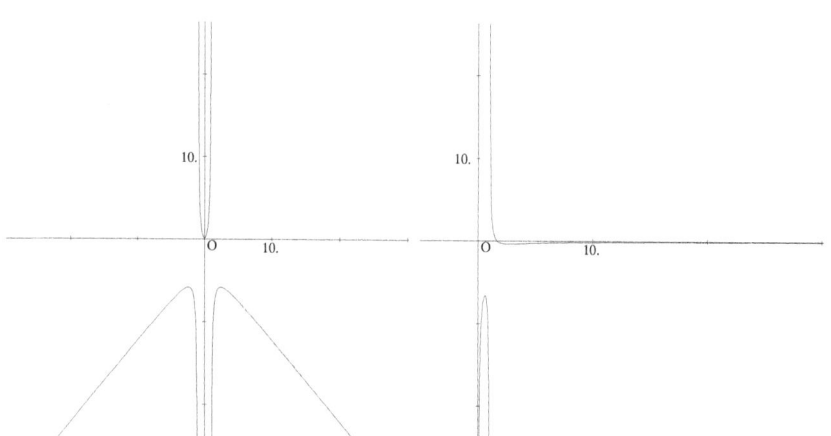

Figura 1.31: e e f

Problemi di minimo e massimo assoluto

Per terminare vogliamo qui proporre alcuni classici problemi di minimo e massimo assoluto forse noti allo Studente già dal Liceo.

Prima di affrontarli, consigliamo di rileggere il paragrafo 1.23.

Esercizio 1.32 *Tra tutti i rettangoli inscritti in una circonferenza di raggio $r > 0$, trovare quello di area massima.*

Esercizio 1.33 *Tra tutti i rettangoli inscritti in una circonferenza di raggio $r > 0$, trovare quello di perimetro massimo.*

Esercizio 1.34 *Tra tutti i trapezi isosceli inscritti in una semicirconferenza di centro O, diametro AB (con $\overline{AB} = 2r > 0$) e con la base maggiore coincidente con AB, trovare quello di area massima.*

Esercizio 1.35 *Tra tutti i triangoli rettangoli circoscritti ad una circonferenza di raggio $r > 0$, trovare quello di perimetro minimo.*

Esercizio 1.36 *Assegnato un numero $2p > 0$, dimostrare che tra tutti i rettangoli aventi perimetro $2p$, il quadrato è quello di area massima.*

Esercizio 1.37 *Assegnato un numero $a > 0$, dimostrare che tra tutti i parallelepipedi retti a base quadrata la cui somma delle lunghezze degli spigoli è a, il cubo è quello di volume massimo.*

Esercizio 1.38 *Con una lamiera di spessore trascurabile ed avente forma di quadrato di lato l, costruire la scatola (aperta) a forma di parallelepipedo di volume massimo.*

A titolo di esempio risolviamo l'esercizio *1.34*.

Esercizio 1.34

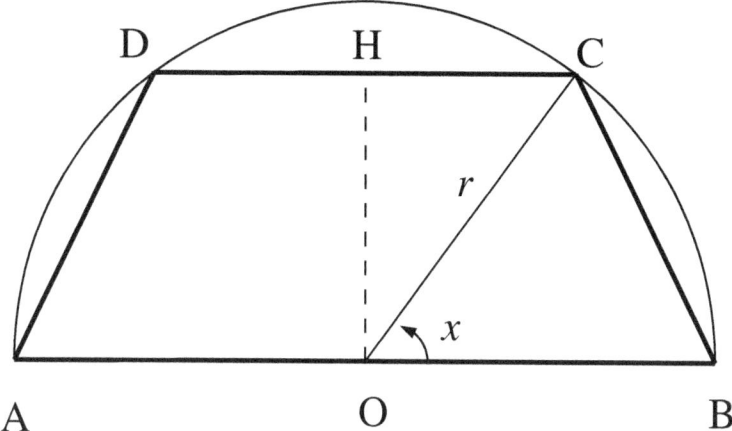

Si ha:

$\overline{HO} = r \cdot \sin x$

$\overline{HC} = r \cdot \cos x$

l'area è $\quad f(x) \quad = \frac{1}{2}[2 \cdot r + 2 \cdot r \cdot \cos x] \cdot r \cdot \sin x =$

$$= r^2 \cdot \sin x (1 + \cos x) \qquad , x \in A = \left(0, \frac{\pi}{2}\right)$$

Abbiamo escluso 0 e $\frac{\pi}{2}$ dal dominio della funzione perché:

– per $x = 0$ il trapezio degenera in un segmento

– per $x = \frac{\pi}{2}$ il trapezio degenera in un triangolo.

L'esistenza del minimo e del massimo assoluto della funzione non è a-priori assicurata, perché non sono verificate le ipotesi del *teorema di Weierstrass*, tuttavia non è neppure esclusa perché le ipotesi di tale teorema costituiscono una condizione sufficiente ma non necessaria per la loro esistenza.

Con facili calcoli si trova che la funzione non ha il minimo assoluto, però ha il *massimo assoluto* ed è $M = \frac{3 \cdot \sqrt{3}}{4} \cdot r^2$.

Molti altri interessanti problemi si potrebbero proporre, però ci fermiamo qui, stimando che gli esercizi consigliati siano sufficienti a fissare i concetti che abbiamo esposto.

Risposte agli esercizi del Capitolo 1

Sulla funzione rapporto incrementale

Risposta 1.2

$$R : y = R(x) = \frac{x^2 - 1}{x - 1} = x + 1 \qquad , x \in A'(-\infty, 0]$$

non ha senso effettuare l'operazione $\lim\limits_{x \to 1} R(x)$ *perché* $x_0 = 1$ *non è punto di accumulazione per* A'.

Risposta 1.4

a) $R : y = R(x) = \begin{cases} x & , x \in (-\infty, 0) \\ \frac{1+x^2}{x} & , x \in (0, +\infty) \end{cases}$

b) $R(-2) = -2; R(-3) = -3$

c) $R(-2)$ *è il coefficiente angolare della retta determinata dai punti* $P_0(0, f(0))$ *e* $P_1(-2, f(-2))$.

$R(-3)$ *è il coefficiente angolare della retta determinata dai punti* $P_0(0, f(0))$ *e* $P_1(-3, f(-3))$.

Risposta 1.5

a) Vera

b) Vera

c) Vera

d) Falsa

Sulla definizione di derivata e sul significato geometrico di essa

Risposta 1.6

b) $f'(3) = \frac{1}{4}$

d) $f'(0) = 0$

g) $f'(0) = 0$

h) $f'(0) = 0$

i) $f'(1)$ *non esiste;* $f'_-(1) = -2;$ $f'_+(1) = 2$

Risposta 1.8

a) $\alpha = 0 \quad e \quad \alpha = 1$

b) $\alpha = 0$

c) $\alpha = 1$

Risposta 1.10

$$f(x_0) = g(x_0) \quad e \quad f'(x_0) = g'(x_0)$$

Risposta 1.12

a) *Vera*

b) *Falsa*

c) *Vera*

d) *Vera*

e) *Vera*

Sull'uso delle regole di derivazione

Risposta 1.16

$g'(3) = \frac{1}{2}$

Risposta 1.17

$f'(1) = -6$

Risposta 1.19

a) *la f^{-1} è derivabile*

b) $(f^{-1})'(1) = 1$

Sulle derivate successive

Risposta 1.20

a) $y'' = \frac{2}{x^3}$

b) $y'' = -\frac{1}{x^2}$

e) $y'' = 2 - 3 \cdot \sin x + 8 \cdot \cos x$

Risposta 1.21

Sì

Risposta 1.22

$g''(x) = -\frac{49}{32}$

Risposta 1.24

a) Vera

b) Vera

c) Vera

d) Vera

Risposta 1.25

Vera

Sull'uso della regola di De l'Hospital

Risposta 1.26

b) $l = 0$

c) $l = +\infty$

d) $l = \frac{1}{2}$

e) $l = 1$

Risposta 1.27

No, perché non esiste alcun intorno di $+\infty$ nei punti x del quale la derivata del denominatore risulti $\neq 0$.

Sulle informazioni fornite dal segno di derivata prima e seconda

Risposta 1.28

a) *Vera*

b) *Vera*

c) *Falsa*

d) *Vera*

Risposta 1.29

a) *Vera*

b) *Vera*

c) *Vera*

Risposta 1.30

a) *Si, perché derivabile con derivata limitata.*

b) *No, perché nel punto x_0 la funzione non ha la derivata seconda.*

c) *Si; il punto 0 è punto di flesso perché punto di massimo per la funzione derivata prima.*

d) *Il diagramma della funzione è:*

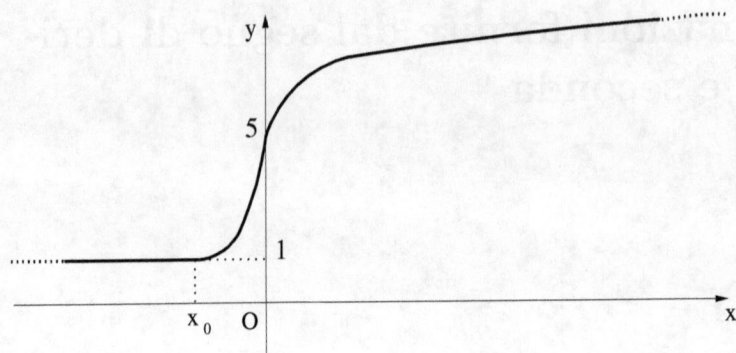

Problemi di minimo e di massimo assoluto

Risposta 1.32

Il quadrato

Risposta 1.33

Il quadrato

Risposta 1.34

Il trapezio isoscele

Capitolo 2

Formula di Taylor

In questo capitolo vogliamo occuparci della *formula di Taylor* che ci permetterà:

1. di sfruttare al meglio il *principio di sostituzione degli infinitesimi* nell'operazione di limite

2. di dare una risposta ai due problemi rimasti aperti alla fine del paragrafo 1.10

3. di decidere la natura dei punti del dominio A di una funzione f che sono soluzioni dell'equazione $f'(x) = 0$ se in tali punti esistono anche le derivate successive.

2.1 Formula di Taylor

Nel paragrafo 1.2 abbiamo visto che, data una funzione $f : y = f(x)$, $x \in A \subseteq \mathbb{R} \subset \widetilde{\mathbb{R}}$ *derivabile* in un punto $x_0 \in A$, la sua restrizione di dominio $A' = A - \{x_0\}$ può essere rappresentata dalla (1.2) che può essere scritta cosí:

$$f : y = f(x) = [f(x_0) + f'(x_0) \cdot (x - x_0)] + \omega(x) \cdot (x - x_0) \, , x \in A' \quad (2.1)$$

In quest'ultima rappresentazione tale restrizione viene espressa come somma di due funzioni:

$$P_1 : y = P_1(x) = f(x_0) + f'(x_0) \cdot (x - x_0) \quad , x \in A'$$

e

$$R_1 : y = R_1(x) = \omega(x) \cdot (x - x_0) \qquad , x \in A'$$

ove

P_1 è un polinomio di grado ≤ 1 [1] che gode delle seguenti proprietà:

α) $P_1(x_0) = f(x_0)$

β) $P_1'(x_0) = f'(x_0)$

γ) La funzione $R_1 = f - P_1$è un *infinitesimo* per $x \to x_0$ di *ordine superiore* rispetto all'*infinitesimo* $(x - x_0)$, cioè $\lim\limits_{x \to x_0} \frac{R_1(x)}{x - x_0} = 0$.

Se f è *derivabile* n volte in un punto $x_0 \in A$ ed ovviamente $(n-1)$ volte negli altri punti di A, ci poniamo il problema di vedere se è possibile costruire un polinomio

$$P_n(x) = a_0 + a_1 \cdot (x - x_0) + a_2 \cdot (x - x_0)^2 + \cdots + a_n \cdot (x - x_0)^n$$

di grado $\leq n$ il quale goda delle seguenti proprietà:

α') $P_n(x_0) = f(x_0)$

β') $P_n^{(k)}(x_0) = f^{(k)}(x_0)$ con $k = 1, 2, 3, \ldots, n$

γ') La funzione $R_n = f - P_n$ sia un *infinitesimo* per $x \to x_0$ di *ordine superiore* rispetto all'*infinitesimo* $(x-x_0)^n$, cioè $\lim\limits_{x \to x_0} \frac{R_n(x)}{(x-x_0)^n} = 0$. [2]

---

[1] P_1 è un polinomio di grado 1 se è $f'(x_0) \neq 0$; di grado 0 se è $f'(x_0) = 0$.

[2] Facendo uso del simbolo "*o piccolo*" introdotto nel paragrafo 2.14 del libro "Limiti e continuità", la condizione γ') si può esprimere scrivendo: $R_n(x) = f(x) - P_n(x) = o((x - x_0)^n)$ per $x \to x_0$. Di quest'ultima notazione si fa un largo uso.

Se un tale polinomio esiste, esso gioca il ruolo che nella (2.1) gioca il polinomio P_1 per cui possiamo scrivere:

$$f(x) \simeq P_n(x)$$

con il vantaggio che l'errore $R_n(x)$ che qui si commette nel calcolare le immagini $f(x)$ dei punti x "vicini" a x_0, se non risulta $a_2 = a_3 = \ldots = a_n = 0$, è sicuramente *minore* dell'errore che si commette nell'usare la (2.1), in quanto mentre R_1 è infinitesimo per $x \to x_0$ di *ordine superiore* rispetto a $(x - x_0)$, R_n lo è rispetto a $(x - x_0)^n$.

Vediamo allora se un tale polinomio esiste!

Risolvendo il sistema costituito dalle α') e β') nelle $n + 1$ incognite $a_0, a_1, a_2, \ldots, a_{n-1}, a_n$ constatiamo che esso ammette una sola soluzione ed è questa:

$$a_0 = f(x_0) \,, \ a_1 = \frac{f'(x_0)}{1!} \,, \ a_2 = \frac{f''(x_0)}{2!} \,, \cdots \ a_n = \frac{f^{(n)}(x_0)}{n!}$$

e quindi esiste un solo polinomio che gode delle proprietà α') e β') ed è:

$$P_n(x) = f(x_0) + \frac{f'(x_0)}{1!} \cdot (x - x_0) + \frac{f''(x_0)}{2!} \cdot (x - x_0)^2 + \cdots + \frac{f^{(n)}(x_0)}{n!} \cdot (x - x_0)^n$$

$$(2.2)$$

Se riusciremo a provare che tale polinomio gode anche della proprietà γ') concluderemo che esso costituisce l'*unica soluzione* del problema che ci siamo posti.

Per provare che questo polinomio (2.2) gode della proprietà γ') occorre dimostrare che

$$\lim_{x \to x_0} \left\{ \frac{f(x) - f(x_0) - \frac{f'(x_0)}{1!} \cdot (x - x_0) - \frac{f''(x_0)}{2!} \cdot (x - x_0)^2 - \cdots}{(x - x_0)^n} + \right.$$

$$\left. + \frac{\cdots - \frac{f^{(n)}(x_0)}{n!} \cdot (x - x_0)^n}{(x - x_0)^n} \right\} = 0$$

o anche che

$$\lim_{x \to x_0} \left\{ \frac{f(x) - f(x_0) - \frac{f'(x_0)}{1!} \cdot (x - x_0) - \frac{f''(x_0)}{2!} \cdot (x - x_0)^2 - \cdots}{(x - x_0)^n} + \right.$$
$$\left. + \frac{\cdots - \frac{f^{(n-1)}(x_0)}{(n-1)!} \cdot (x - x_0)^{(n-1)}}{(x - x_0)^n} \right\} = \frac{f^{(n)}(x_0)}{n!} .$$

Effettuando l'operazione di limite indicata nel primo membro dell'ultima uguaglianza scritta, si perviene alla *forma indeterminata* $\frac{0}{0}$.

Applicando $n-1$ volte consecutive la *regola di De l'Hospital* si ottiene

$$\frac{1}{n!} \cdot \lim_{x \to x_0} \frac{f^{(n-1)}(x) - f^{(n-1)}(x_0)}{x - x_0}$$

e, per l'ipotesi che nel punto x_0 esiste la derivata n-ma della f, tale limite vale $\frac{f^{(n)}(x_0)}{n!}$ quindi la proprietà γ') è provata.

Possiamo allora *concludere*:

– Data una funzione $f : y = f(x)$, $x \in A \subseteq \mathbb{R} \subset \widetilde{\mathbb{R}}$ se essa è derivabile n volte in un punto $x_0 \in A$ e $n-1$ volte in $A - \{x_0\}$ allora sussiste la formula:

$$f(x) = f(x_0) + \frac{f'(x_0)}{1!} \cdot (x - x_0) + \cdots + \frac{f^{(n)}(x_0)}{n!} \cdot (x - x_0)^n + R_n(x) \quad (2.3)$$

che prende il nome di *formula di Taylor di ordine n e di punto iniziale* x_0.

Il polinomio (2.2) si chiama *polinomio di Taylor di ordine n e di punto iniziale* x_0 e la funzione R_n, *errore* o *resto n-mo* della formula di Taylor.

Insistiamo sul fatto che il *grado* del polinomio di Taylor $P_n(x)$ di ordine n è in generale $\leq n$.

Se è $x_0 = 0$ il polinomio di Taylor prende il nome di *polinomio di McLaurin di ordine n* e la formula di Taylor, *formula di McLaurin di ordine n*.

Scriviamola!

$$f(x) = f(0) + \frac{f'(0)}{1!} \cdot x + \frac{f''(0)}{2!} \cdot x^2 + \cdots + \frac{f^{(n)}(0)}{n!} \cdot x^n + R_n(x) \quad (2.4)$$

Prima di fare i nostri commenti alla formula ottenuta e di costruire le formule di Taylor, più precisamente di McLaurin di alcune funzioni elementari, facciamo un paio di osservazioni sulle *funzioni polinomiali*[3] e scopriamo quali sono le caratteristiche dei polinomi di McLaurin delle *funzioni dispari* e delle *funzioni pari*.

2.2   Osservazioni sulle funzioni polinomiali

Se la legge d'associazione f di una funzione è un polinomio di grado m, allora:

1. la funzione è derivabile *infinite volte*; la legge d'associazione della *funzione derivata prima* è un polinomio di *grado* $m-1$; quella della *funzione derivata seconda*, un polinomio di *grado* $m-2$; quella della *funzione derivata m-esima*, un polinomio di *grado* zero, cioè $f^{(m)}$ è costante; tutte le *funzioni derivate* di *ordine* maggiore di m sono *funzioni identicamente nulle*.

2. Comunque fissiamo un punto $x_0 \in \mathbb{R}$ e costruiamo il polinomio P_n di Taylor di *punto iniziale* x_0, se è $n \geq m$ si ha:

$$R_n(x) = f(x) - P_n(x) = 0 \qquad , \forall x \in \mathbb{R}.$$

In particolare se è $x_0 = 0$, ogni polinomio di Taylor, (cioè di McLaurin) di ordine $n \geq m$ coincide con il polinomio che rappresenta la f.

Per fissare le idee, consideriamo il seguente esempio:

Esempio 2.1 *Data la funzione polinomiale*

$$f : y = f(x) = 3x^2 + x \quad , x \in A = (-\infty, +\infty)$$

costruire:

a) *il* polinomio di McLaurin di ordine $n = 5$

---

[3]Ricordiamo che una funzione si dice *polinomiale* se la sua legge d'associazione f è rappresentata da un polinomio e il suo dominio è $A = (-\infty, +\infty)$.

b) *il* polinomio di Taylor di punto iniziale $x_0 \neq 0$ *di ordine 6* *e la*
corrispondente funzione resto R_6

a) *Sappiamo che il polinomio richiesto è così fatto:*

$$P_5(x) = f(0) + \frac{f'(0)}{1!} \cdot x + \frac{f''(0)}{2!} \cdot x^2 + \frac{f'''(0)}{3!} \cdot x^3 + \frac{f^{IV}(0)}{4!} \cdot x^4 + \frac{f^V(0)}{5!} \cdot x^5$$

Passando ai calcoli si ha:

$f(x) = 3x^2 + x$

$f'(x) = 6x + 1$

$f''(x) = 6$

$f'''(x) = f^{IV}(x) = f^V(x) = 0$

da cui

$$f(0) = 0 \ , \ f'(0) = 1 \ , \ f''(0) = 6 \ , \ f'''(0) = f^{IV}(0) = f^V(0) = 0$$

e quindi, sostituendo i valori ottenuti nei coefficienti del polinomio
$P_5(x)$, *quest'ultimo diviene:*

$$P_5(x) = 0 + \frac{1}{1!} \cdot x + \frac{6}{2!} \cdot x^2 + \frac{0}{3!} \cdot x^3 + \frac{0}{4!} \cdot x^4 + \frac{0}{5!} \cdot x^5 = x + 3x^2 = f(x).$$

b) *Sappiamo che il polinomio richiesto è così fatto:*

$$\begin{aligned}
P_6(x) &= f(x_0) + \frac{f'(x_0)}{1!} \cdot (x - x_0) + \frac{f''(x_0)}{2!} \cdot (x - x_0)^2 + \\
&+ \frac{f'''(x_0)}{3!} \cdot (x - x_0)^3 + \frac{f^{IV}(x_0)}{4!} \cdot (x - x_0)^4 + \\
&+ \frac{f^V(x_0)}{5!} \cdot (x - x_0)^5 + \frac{f^{VI}(x_0)}{6!} \cdot (x - x_0)^6 \quad .
\end{aligned}$$

Poiché:

$$f(x_0) = 3x_0^2 + x_0, \ f'(x_0) = 6x_0 + 1, \ f''(x_0) = 6,$$
$$f'''(x) = f^{IV}(x_0) = f^V(x_0) = f^{VI}(x_0) = 0,$$

sostituendo i valori ottenuti nei coefficienti del polinomio $P_6(x)$, quest'ultimo diviene:

$$P_6(x) = (3x_0^2 + x_0) + (6x_0 + 1) \cdot (x - x_0) + 3(x - x_0)^2 \quad .$$

Come si vede tale polinomio ha lo stesso grado del polinomio che rappresenta la legge d'associazione f, cioè 2. Costruiamo ora la funzione resto.

$$
\begin{aligned}
R_6(x) &= f(x) - P_6(x) = \\
&= (3x^2 - x) - [(3x_0^2 + x_0) + (6x_0 + 1) \cdot (x - x_0) + 3(x - x_0)^2] = \\
&= \ldots = 0 \qquad , \forall x \in A = (-\infty, +\infty).
\end{aligned}
$$

2.3 Caratteristiche dei polinomi di McLaurin delle funzioni dispari e delle funzioni pari

Tenendo presente che:

a) se una funzione f è *dispari* e 0 appartiene al suo dominio, risulta $f(0) = 0$ [4]

b) se una funzione f è *pari* e 0 appartiene al suo dominio, $f(0)$ può assumere qualsiasi valore

c) la funzione derivata di una *funzione dispari* è una *funzione pari* e la funzione derivata di una *funzione pari* è una *funzione dispari* (Teorema 1.7)

possiamo fare delle previsioni circa le caratteristiche dei polinomi di McLaurin di ordine n delle *funzioni dispari* e delle *funzioni pari*.

Cominciamo dalle *funzioni dispari*!

---

[4]Poiché f è dispari, $\forall x \in A \Rightarrow f(-x) = -f(x)$; se è $0 \in A$, per $x = 0$ si ha $f(-0) = -f(0)$ cioè $f(0) = -f(0)$; siccome l'unico numero reale uguale al suo opposto è 0, *concludiamo* che $f(0) = 0$.

Se f è una *funzione dispari* il suo polinomio di McLaurin di ordine n ha le seguenti caratteristiche:

– in esso non compare il *termine noto*, essendo $f(0) = 0$

– in esso compaiono solo le potenze di *grado dispari* perché i coefficienti delle potenze di grado pari valgono zero.

Vediamo ora che relazione esiste tra due *polinomi di McLaurin* aventi per *ordine* rispettivamente due numeri *interi consecutivi*.

Se n è *dispari*, $n+1$ è *pari* quindi

$$
\begin{aligned}
P_{n+1}(x) &= \frac{f'(0)}{1!} \cdot x + \frac{f'''(0)}{3!} \cdot x^3 + \frac{f^V(0)}{5!} \cdot x^5 + \cdots + \frac{f^{(n)}(0)}{n!} \cdot x^n + \\
&+ \frac{0}{(n+1)!} \cdot x^{n+1} = P_n(x)
\end{aligned}
\tag{2.5}
$$

Dalla (2.5) segue che:

$$
f(x) = P_{n+1}(x) + R_{n+1}(x) = P_n(x) + R_{n+1}(x)
\tag{2.6}
$$

Se n è *pari*, $n-1$ è *dispari* quindi

$$
\begin{aligned}
P_n(x) &= \frac{f'(0)}{1!} \cdot x + \frac{f'''(0)}{3!} \cdot x^3 + \frac{f^V(0)}{5!} \cdot x^5 + \cdots + \frac{f^{(n-1)}(0)}{(n-1)!} \cdot x^{n-1} + \\
&+ \frac{0}{n!} \cdot x^n = P_{n-1}(x)
\end{aligned}
\tag{2.7}
$$

Dalla (2.7) segue che

$$
f(x) = P_n(x) + R_n(x) = P_{n-1}(x) + R_n(x).
\tag{2.8}
$$

Se denotiamo con $2n+1$ il generico *numero dispari* e con $2n+2$ il *numero pari* ad esso successivo, le (2.6) e (2.8) possono essere compendiate in questa unica "formula":

$$
f(x) = P_{2n+1}(x) + R_{2n+2}(x)
$$

che, scritta per esteso, diviene:

$$f(x) = \frac{f'(0)}{1!} \cdot x + \frac{f'''(0)}{3!} \cdot x^3 + \frac{f^V(0)}{5!} \cdot x^5 + \cdots + \frac{f^{(2n+1)}(0)}{(2n+1)!} \cdot x^{2n+1} + R_{2n+2}(x);$$

$$(2.9)$$

di essa ci serviremo tutte le volte che dovremo costruire *formule di McLaurin* di funzioni dispari.

Occupiamoci adesso delle *funzioni pari* !

Se f è una *funzione pari* il suo polinomio di McLaurin di ordine n ha le seguenti caratteristiche:

- in esso può comparire il termine noto $f(0)$ perché non è detto che sia $f(0) = 0$

- in esso compaiono solo le potenze di *grado pari* perché i coefficienti delle potenze di grado dispari valgono zero.

Vediamo anche qui che relazione esiste tra due *polinomi di McLaurin* aventi per *ordine* rispettivamente due numeri *interi consecutivi*.

Se n è *pari*, $n + 1$ è *dispari* e quindi

$$P_{n+1}(x) = f(0) + \frac{f''(0)}{2!} \cdot x^2 + \frac{f^{IV}(0)}{4!} \cdot x^4 + \cdots + \frac{f^{(n)}(0)}{n!} \cdot x^n +$$

$$+ \frac{0}{(n+1)!} \cdot x^{n+1} = P_n(x) \qquad (2.10)$$

Dalla (2.10) segue che

$$f(x) = P_{n+1}(x) + R_{n+1}(x) = P_n(x) + R_{n+1}(x) \qquad (2.11)$$

Se n è *dispari*, $n - 1$ è *pari* e quindi

$$P_n(x) = f(0) + \frac{f''(0)}{2!} \cdot x^2 + \frac{f^{IV}(0)}{4!} \cdot x^4 + \cdots + \frac{f^{(n-1)}(0)}{(n-1)!} \cdot x^{n-1} +$$

$$+ \frac{0}{n!} \cdot x^n = P_{n-1}(x) \qquad (2.12)$$

Dalla (2.12) segue che

$$f(x) = P_n(x) + R_n(x) = P_{n-1}(x) + R_n(x) \qquad (2.13)$$

Se denotiamo con $2n$ il generico *numero pari* e con $2n+1$ il *numero dispari* ad esso successivo, le (2.11) e (2.13) possono essere compendiate in quest'unica "formula":

$$f(x) = P_{2n}(x) + R_{2n+1}(x)$$

che, scritta per esteso, diviene

$$f(x) = f(0) + \frac{f''(0)}{2!} \cdot x^2 + \frac{f^{IV}(0)}{4!} \cdot x^4 + \cdots + \frac{f^{(2n)}(0)}{(2n)!} \cdot x^{2n} + R_{2n+1}(x) \quad (2.14)$$

di essa ci serviremo tutte le volte che dovremo costruire *formule di McLaurin* di funzioni pari.

Andiamo ora a costruire le formule di McLaurin di *ordine n* di alcune funzioni elementari.

2.4 Formule di McLaurin di alcune funzioni elementari

Poiché tutte le funzioni che considereremo sono dotate di infinite derivate, l'ordine n del polinomio di McLaurin può essere preso arbitrariamente grande. Noi scriveremo le formule di McLaurin con n generico e pertanto di ogni funzione considerata dovremo calcolare:
$f(0), f'(0), f''(0), \cdots, f^{(n)}(0)$.

Diamo gli esempi!

Esempio 2.2 *Sia*

$$f : y = f(x) = e^x \quad , \quad x \in A = (-\infty, +\infty)$$

Passando ai calcoli si ha:

$$f(x) = e^x \quad , f'(x) = e^x \quad , f''(x) = e^x \quad , \cdots \quad f^{(n)}(x) = e^x$$

da cui

$$f(0) = 1 \quad , f'(0) = 1 \quad , f''(0) = 1 \quad , \cdots \quad , f^{(n)}(0) = 1$$

sostituendo tali valori nella (2.4), quest'ultima diviene:

$$f(x) = e^x = 1 + \frac{1}{1!} \cdot x + \frac{1}{2!} \cdot x^2 + \cdots + \frac{1}{n!} \cdot x^n + R_n(x) \qquad (2.15)$$

In questo caso il grado *del polinomio* $P_n(x)$ *è uguale al suo* ordine *cioè è* n.

Esempio 2.3 *Sia*

$$f : y = f(x) = \sin x \quad , \quad x \in A = (-\infty, +\infty)$$

Trattandosi di una funzione dispari, nei suoi polinomi di McLaurin compariranno solo le potenze di x di grado dispari.
   Passando ai calcoli, si ha:

$$f(x) = \sin x \qquad , \; f'(x) = \cos x \qquad , \; f''(x) = -\sin x \quad ,$$

$$f'''(x) = -\cos x \quad , \; f^{IV}(x) = \sin x \quad , \; f^V(x) = \cos x \qquad , ecc\ldots$$

da cui

$$f(0) = 0 \qquad , \; f'(0) = 1 \qquad , \; f''(0) = 0 \quad ,$$

$$f'''(0) = -1 \quad , \; f^{IV}(0) = 0 \quad , \; f^V(0) = 1 \quad , ecc\ldots$$

La generica derivata di ordine dispari nel punto $x_0 = 0$ è:

$$f^{(2n+1)}(0) = (-1)^n \quad , \quad n = 0, 1, 2, 3, \ldots$$

sostituendo tali valori nella (2.9), quest'ultima diviene:

$$f(x) = \sin x = \frac{1}{1!} \cdot x - \frac{1}{3!} \cdot x^3 + \frac{1}{5!} \cdot x^5 + \cdots + \frac{(-1)^n}{(2n+1)!} \cdot x^{2n+1} + R_{2n+2}(x)$$

$$(2.16)$$

Esempio 2.4 *Sia*

$$f : y = f(x) = \cos x \quad , \quad x \in A = (-\infty, +\infty)$$

Trattandosi di una funzione pari, nei suoi polinomi di McLaurin compariranno solo le potenze di x di grado pari.

Passando ai calcoli, si ha:

$$f(x) = \cos x \quad , \quad f'(x) = -\sin x \quad , \quad f''(x) = -\cos x \quad ,$$

$$f'''(x) = \sin x \quad , \quad f^{IV}(x) = \cos x \quad , \quad f^{V}(x) = -\sin x \quad , ecc\ldots$$

da cui

$$f(0) = 1 \quad , \quad f'(0) = 0 \quad , \quad f''(0) = -1 \quad ,$$

$$f'''(0) = 0 \quad , \quad f^{IV}(0) = 1 \quad , \quad f^{V}(0) = 0 \quad , ecc\ldots$$

La generica derivata di ordine pari nel punto $x_0 = 0$ è:

$$f^{(2n)}(0) = (-1)^n \quad , \quad n = 1, 2, 3, \ldots$$

sostituendo tali valori nella (2.14), quest'ultima diviene:

$$f(x) = \cos x = 1 - \frac{1}{2!} \cdot x^2 + \frac{1}{4!} \cdot x^4 + \cdots + \frac{(-1)^n}{(2n)!} \cdot x^{2n} + R_{2n+1}(x) \quad (2.17)$$

Esempio 2.5 *Sia*

$$f : y = f(x) = \log(1 + x) \quad , \quad x \in A = (-1, +\infty)$$

Passando ai calcoli si ha:

$$f(x) = \log(1 + x) \quad , \quad f'(x) = \frac{1}{1+x} \quad , \quad f''(x) = \frac{-1}{(1+x)^2} \quad ,$$

$$f'''(x) = \frac{2}{(1+x)^3} \quad , \quad f^{IV}(x) = \frac{-3\cdot 2}{(1+x)^4} \quad , ecc\ldots$$

da cui

$$f(0) = 0 \ , \ f'(0) = 1 \ , \ f''(0) = -1 \ , \ f'''(0) = 2$$

$$f^{IV}(0) = -3 \cdot 2 \ , \ \cdots \ , \ f^{(n)}(0) = (-1)^{n-1} \cdot (n-1)! , n = 1, 2, 3, \ldots$$

sostituendo tali valori nella (2.4), quest'ultima diviene:

$$f(x) = \log(1+x) = x - \frac{1}{2!} \cdot x^2 + \frac{2!}{3!} \cdot x^3 - \frac{3!}{4!} \cdot x^4 + \cdots + \frac{(-1)^{n-1} \cdot (n-1)!}{n!} \cdot x^n + R_n(x);$$

semplificando si ha:

$$f(x) = \log(1+x) = x - \frac{1}{2} \cdot x^2 + \frac{1}{3} \cdot x^3 - \frac{1}{4} \cdot x^4 + \cdots + \frac{(-1)^{n-1}}{n} \cdot x^n + R_n(x)$$

$$(2.18)$$

Anche in questo caso il grado del polinomio $P_n(x)$ è uguale al suo ordine cioè è n.

Esempio 2.6 *Sia*

$$f : y = f(x) = (1+x)^\alpha \quad (con\ \alpha \in \mathbb{R}) \quad , \quad x \in A = (-1, +\infty)$$

Se $\alpha \in \mathbb{N}$, si tratta della restrizione di dominio A di una funzione polinomiale e di essa ci siamo già occupati nel paragrafo 2.2.

Se $\alpha \in \mathbb{R} - \mathbb{N}$ si tratta di un caso nuovo.

Occupiamoci di esso!

Passando ai calcoli, si ha:

$$f(x) \quad = (1+x)^\alpha \ ,$$

$$f'(x) \quad = \alpha \cdot (1+x)^{\alpha-1} \ ,$$

$$f''(x) \quad = \alpha \cdot (\alpha-1) \cdot (1+x)^{\alpha-2} \ ,$$

$$f'''(x) \quad = \alpha \cdot (\alpha-1) \cdot (\alpha-2) \cdot (1+x)^{\alpha-3} \ ,$$

$$f^{IV}(x) \quad = \alpha \cdot (\alpha-1) \cdot (\alpha-2) \cdot (\alpha-3) \cdot (1+x)^{\alpha-4} \ ,$$

da cui

$$f(0) \quad = 1 \,, \; f'(0) = \alpha \,, \; f''(0) = \alpha \cdot (\alpha - 1) \,,$$

$$f'''(0) \quad = \alpha \cdot (\alpha - 1) \cdot (\alpha - 2) \,, \; f^{IV}(0) = \alpha \cdot (\alpha - 1) \cdot (\alpha - 2) \cdot (\alpha - 3) \,,$$

$$\ldots\ldots\ldots\ldots\ldots\ldots$$

$$f^{(n)}(0) \quad = \alpha \cdot (\alpha - 1) \cdot (\alpha - 2) \cdots (\alpha - (n - 1)) =$$
$$= \alpha \cdot (\alpha - 1) \cdot (\alpha - 2) \cdots (\alpha - n + 1)$$

sostituendo tali valori nella (2.4), quest'ultima diviene:

$$f(x) = (1 + x)^\alpha = 1 + \frac{\alpha}{1!} \cdot x + \frac{\alpha \cdot (\alpha - 1)}{2!} \cdot x^2 + \cdots +$$

$$+ \frac{\alpha \cdot (\alpha - 1) \cdot (\alpha - 2) \cdots (\alpha - n + 1)}{n!} \cdot x^n + R_n(x) \qquad (2.19)$$

Anche in questo caso, il grado *del polinomio* $P_n(x)$ *é uguale al suo* ordine *cioè è* n.

Poiché a volte il calcolo diretto delle derivate $f^{(k)}(x_0)$ con $k = 1, 2, \ldots, n$ che compaiono nei coefficienti del polinomio di Taylor di una data funzione risulta molto laborioso, si pone il problema di vedere se è possibile costruire tale polinomio a partire da polinomi di Taylor già noti di altre funzioni.

Prima di affrontare tale problema vediamo che cosa si può dire della *funzione resto* R_n e facciamo i nostri commenti alla (2.3).

2.5 Rappresentazioni analitiche di R_n e commenti alla formula di Taylor

Esistono per la *funzione resto* R_n molte rappresentazioni analitiche; di esse ne vogliamo citare due:

$$I) \qquad R_n(x) = \frac{f^{(n+1)}(x_0) + \varepsilon(x)}{(n + 1)!} \cdot (x - x_0)^{n+1} \qquad (2.20)$$

ove ε è una funzione (sconosciuta ma) *infinitesima* per $x \to x_0$.

$$II) \qquad R_n = \frac{f^{(n+1)}(\xi)}{(n+1)!} \cdot (x - x_0)^{n+1} \qquad (2.21)$$

ove ξ è un punto (sconosciuto ma) *interno* all'intervallo di estremi x_0 (punto iniziale) e x.

Non vogliamo dimostrare qui tali formule. Diciamo solo che:

– la (2.20) è dovuta a *Peano* e sussiste se f è dotata di derivata $(n+1)$-*ma* nel punto x_0 ed ovviamente di derivata n-*ma* negli altri punti x di A

– la (2.21) è dovuta a *Lagrange* e sussiste se f è dotata di derivata $(n+1)$-*ma* nei punti x di $A - \{x_0\}$.

Facciamo ora i nostri commenti!

I) Tutti i termini non nulli che compaiono nel secondo membro della formula di Taylor, a partire dal secondo[5], sono infinitesimi per $x \to x_0$, però ciascuno di essi è infinitesimo di ordine superiore rispetto agli infinitesimi che lo precedono.

Questa osservazione dà la risposta al problema 1. del paragrafo 1.10.

Se è $f'(x_0) = 0$ e $f''(x_0) \neq 0$ allora $\Delta f = f(x) - f(x_0)$ è infinitesimo per $x \to x_0$ dello stesso ordine di $\frac{f''(x_0)}{2!} \cdot (x - x_0)^2$ e quindi di $(x - x_0)^2$; se invece è $f'(x_0) = 0$, $f''(x_0) = 0$ e $f'''(x_0) \neq 0$, allora Δf è infinitesimo per $x \to x_0$ dello stesso ordine di $\frac{f'''(x_0)}{3!} \cdot (x - x_0)^3$ e quindi di $(x - x_0)^3$ e cosí via. In altre parole, il primo termine dopo $f(x_0)$ che si incontra nel secondo membro della formula di Taylor è infinitesimo dello stesso ordine di Δf e quindi ne costituisce la *parte principale*[6].

II) Tenendo presente il *principio di sostituzione degli infinitesimi*, la formula di Taylor è utilissima nelle operazioni di limite per $x \to x_0 \in \mathbb{R}$ quando si è in presenza del *caso di indecidibilità* $\frac{0}{0}$.

---

[5]Ciò è vero se è $f(x_0) \neq 0$; se invece è $f(x_0) = 0$, tutti i termini che compaiono nel secondo membro della *formula di Taylor* sono infinitesimi.

[6]Per la definizione di *parte principale* di un infinitesimo, vedere il libro "Limiti e continuità", paragrafo 2.15.

Vediamo come!

Supponiamo di dover fare l'operazione di limite

$$\lim_{x \to 0} \frac{\sin x - x}{x \cdot (1 - \cos x)} \qquad (2.22)$$

Siamo in presenza del caso di indecidibilità $\frac{0}{0}$. Scriviamo le formule di McLaurin delle funzioni che compaiono al numeratore ed al denominatore arrestando il polinomio al primo termine $\neq 0$.

Si ha:

$$\begin{aligned}
f(x) &= \sin x - x \\
f'(x) &= \cos x - 1 \\
f''(x) &= -\sin x \\
f'''(x) &= -\cos x
\end{aligned}$$

e quindi:

$$f(0) = f'(0) = f''(0) = 0 \quad \text{e} \quad f'''(0) = -1$$

da cui:

$$f(x) = \sin x - x = \frac{-1}{3!} \cdot x^3 + R_4(x). \quad ^7 \qquad (2.23)$$

Analogamente:

$$\begin{aligned}
g(x) &= x \cdot (1 - \cos x) \\
g'(x) &= 1 - \cos x + x \cdot \sin x \\
g''(x) &= \sin x + \sin x + x \cdot \cos x = 2 \cdot \sin x + x \cdot \cos x \\
g'''(x) &= 2 \cdot \cos x + \cos x - x \cdot \sin x = 3 \cdot \cos x - x \cdot \sin x
\end{aligned}$$

e quindi:

$$g(0) = g'(0) = g''(0) = 0 \quad \text{e} \quad g'''(0) = 3$$

da cui:

$$g(x) = x \cdot (1 - \cos x) = \frac{3}{3!} \cdot x^3 + R_4^*(x). \quad ^8 \qquad (2.24)$$

Sostituendo nella (2.22) i secondi membri delle (2.23) e (2.24), si ha:

$$\lim_{x \to 0} \frac{\sin x - x}{x \cdot (1 - \cos x)} = \lim_{x \to 0} \frac{\frac{-1}{3!} \cdot x^3 + R_4(x)}{\frac{3}{3!} \cdot x^3 + R_4^*(x)} = \lim_{x \to 0} \frac{\frac{-1}{3!} \cdot x^3}{\frac{3}{3!} \cdot x^3} = -\frac{1}{3}$$

[8 e 7] Poiché le funzioni f e g sono entrambe *dispari*, abbiamo scritto $R_4(x)$ e non $R_3(x)$, $R_4^*(x)$ e non $R_3^*(x)$.

Ha capito ciò che abbiamo fatto?

La formula di McLaurin ci ha permesso di decomporre le funzioni f e g infinitesime per $x \to x_0$ come somma delle loro *parti principali* più le *funzioni resto* che, per il *principio di cancellazione* degli infinitesimi, abbiamo eliminato.

Circa gli usi della formula di Taylor con il resto di Peano

I) La formula di Taylor con il *resto di Peano* ci permette di decidere, nel caso che esistano le derivate successive alla prima, se le soluzioni dell'equazione $f'(x) = 0$ sono *punti di minimo relativo*, di *massimo relativo*, di *crescenza* o di *decrescenza*.

Vediamo come!

Se x_0 è soluzione dell'equazione $f'(x) = 0$ ed inoltre si ha:

$$f''(x_0) = f'''(x_0) = \cdots = f^{(k-1)}(x_0) = 0 \ e \ f^{(k)}(x_0) \neq 0$$

allora la formula di Taylor di *punto iniziale* x_0 e $n = 0$ con il *resto di Peano* è:

$$f(x) = f(x_0) + \frac{f^{(k)}(x_0) + \varepsilon(x)}{k!} \cdot (x - x_0)^k$$

da cui:

$$f(x) - f(x_0) = \frac{f^{(k)}(x_0) + \varepsilon(x)}{k!} \cdot (x - x_0)^k.$$

Essendo la funzione ε infinitesima per $x \to x_0$, esiste un *intorno* di x_0 tale che risulta:

$$\text{segno} \ \frac{f^{(k)}(x_0) + \varepsilon(x)}{k!} = \text{segno} \ f^{(k)}(x_0)$$

per cui possiamo *concludere*:

- x_0 è punto di *minimo relativo* se è k pari e $f^{(k)}(x_0) > 0$

- x_0 è punto di *massimo relativo* se è k pari e $f^{(k)}(x_0) < 0$

- x_0 è punto di *crescenza* se è k *dispari* e $f^{(k)}(x_0) > 0$

- x_0 è punto di *decrescenza* se è k *dispari* e $f^{(k)}(x_0) < 0$

La formula di Taylor non dà informazioni se esistono in x_0 le derivate di tutti gli ordini ma sono tutte nulle. Per convincersi che una situazione del genere si può effettivamente presentare, basta considerare il seguente esempio:

$$f : y = f(x) = \begin{cases} e^{-\frac{1}{x^2}} & , x \in (-\infty, 0) \cup (0, +\infty) \\ 0 & , x = 0 \end{cases}$$

Come lo Studente può constatare, nel punto $x_0 = 0$, tale funzione è derivabile infinite volte e tutte le derivate valgono zero.

II) La formula di Taylor con il *resto di Peano* ci permette infine di decidere, nel caso che esistano le derivate successive alla prima, se le soluzioni dell'equazione $f''(x) = 0$ interne al dominio A della funzione, sono oppure no *punti di flesso*.

Vediamo come!
Se x_0 è *punto interno* ad A, soluzione dell'equazione $f''(x) = 0$ ed inoltre si ha:

$$f'''(x_0) = f^{IV}(x_0) = \cdots = f^{(k-1)}(x_0) = 0 \text{ e } f^{(k)}(x_0) \neq 0$$

allora la formula di Taylor di ordine $k - 1$ con il resto di Peano è

$$f(x) = f(x_0) + \frac{f'(x_0)}{1!} \cdot (x - x_0) + \frac{f^{(k)}(x_0) + \varepsilon(x)}{k!} \cdot (x - x_0)^k$$

da cui

$$f(x) - f(x_0) - \frac{f'(x_0)}{1!} \cdot (x - x_0) = \frac{f^{(k)}(x_0) + \varepsilon(x)}{k!} \cdot (x - x_0)^k.$$

Tenendo anche qui conto del fatto che la funzione ε è infinitesima per $x \to x_0$, esiste un *intorno* di x_0 tale che in esso risulta:

$$\text{segno } \frac{f^{(k)}(x_0) + \varepsilon(x)}{k!} = \text{segno } f^{(k)}(x_0)$$

ricordando poi la definizione di punto di flesso, possiamo *concludere* che se k è *dispari*, x_0 è *punto di flesso*.

Circa gli usi della formula di Taylor con il resto di Lagrange

La formula di Taylor con il *resto di Lagrange* ci permette di effettuare i calcoli approssimati e di valutare l'entità dell'errore commesso nell'approssimazione e quindi di dare una risposta al problema 2. del paragrafo 1.10.

Vediamo come attraverso alcuni esempi !

Esempio 2.7 *Calcolare il numero* e *con tre cifre decimali esatte.*

Il numero **e** *non è altro che $f(1)$ secondo la funzione*

$$f : y = f(x) = e^x \quad , \quad x \in A = (-\infty, +\infty).$$

Poiché l'unico punto di A del quale si sanno calcolare le immagini secondo f e le sue funzioni derivate è $x_0 = 0$, per il calcolo di $f(1)$ altro non resta che utilizzare la (2.15).

Si ha allora:

$$f(1) = e = 1 + \frac{1}{1!} + \frac{1}{2!} + \frac{1}{3!} + \cdots + \frac{1}{n!} + R_n(1)$$

ove è:

$$R_n(1) = \frac{e^\xi}{(n+1)!} \quad con \quad \xi \in (0,1)$$

Poiché il punto ξ è sconosciuto, non possiamo calcolare con esattezza $R_n(1)$ ma, come si vede dalla sua espressione, più grande è n, minore è il suo contributo nella somma.

Se trascuriamo $R_n(1)$ e vogliamo calcolare il numero e con tre cifre decimali esatte, n deve essere tale che il contributo di $R_n(1)$ sia minore di $\frac{1}{1000}$. Sicuramente lo é se n è tale da rendere minore di $\frac{1}{1000}$ un quantità maggiorante $R_n(1)$ nella quale non compaia ξ.

Come si ottiene tale quantitá?

Nell'esercizio in questione, tenendo presente che la funzione esponenziale è monotòna crescente e che $\xi \in (0,1)$.

Abbiamo allora:

$$R_n(1) = \frac{e^\xi}{(n+1)!} < \frac{e^1}{(n+1)!} < \frac{3}{(n+1)!}.$$

Il più piccolo valore di n che è soluzione della disequazione

$$\frac{3}{(n+1)!} < \frac{1}{1000}$$

risolve il nostro problema.

Ma come si risolve una disequazione siffatta?

Innanzitutto la scriviamo cosí:

$$(n+1)! > 3000$$

dopo di che assegniamo a n i valori a partire da 1 fino ad arrivare al primo valore di n che è soluzione di essa.

Si ha allora:

$$
\begin{aligned}
n = 1 &\Rightarrow (n+1)! = 2 \\
n = 2 &\Rightarrow (n+1)! = 6 \\
n = 3 &\Rightarrow (n+1)! = 24 \\
n = 4 &\Rightarrow (n+1)! = 120 \\
n = 5 &\Rightarrow (n+1)! = 720 \\
n = 6 &\Rightarrow (n+1)! = 5040
\end{aligned}
$$

Conclusione:

– *il più piccolo valore di n che risolve il nostro problema è 6 e quindi:*

$$e \simeq 1 + \frac{1}{1!} + \frac{1}{2!} + \frac{1}{3!} + \frac{1}{4!} + \frac{1}{5!} + \frac{1}{6!}.$$

Esempio 2.8 *Data la funzione*

$$f : y = f(x) = x^2 \cdot \log x \quad , \quad x \in A = (0, +\infty),$$

calcolare $f\left(\frac{6}{5}\right)$ *utilizzando il polinomio di Taylor di ordine 2 e di punto iniziale* $x_0 = 1$; *valutare poi l'errore che si commette.*

Passiamo ai calcoli!

$$
\begin{aligned}
f(x) &= x^2 \cdot \log x \\
f'(x) &= 2x \cdot \log x + x = x \cdot (2 \cdot \log x + 1) \\
f''(x) &= 2 \cdot \log x + 1 + 2 = 2 \cdot \log x + 3 \\
f'''(x) &= \frac{2}{x}
\end{aligned}
$$

da cui

$$P_2(x) = f(1) + \frac{f'(1)}{1!} \cdot (x-1) + \frac{f''(1)}{2!} \cdot (x-1)^2 = (x-1) + \frac{3}{2} \cdot (x-1)^2$$

e quindi

$$P_2\left(\frac{6}{5}\right) = \left(\frac{6}{5} - 1\right) + \frac{3}{2} \cdot \left(\frac{6}{5} - 1\right)^2 = \frac{1}{5} + \frac{3}{2} \cdot \frac{1}{25} = \frac{13}{50}.$$

Valutiamo ora l'errore!
Da $R_2(x) = \frac{f'''(\xi)}{3!} \cdot (x-1)^3$ *segue*

$$\left| R_2\left(\frac{6}{5}\right) \right| = \left| \frac{\frac{2}{\xi}}{6} \cdot \left(\frac{6}{5} - 1\right)^3 \right| = \left| \frac{1}{3 \cdot \xi} \cdot \frac{1}{125} \right| = \left| \frac{1}{375 \cdot \xi} \right| \quad con \ \xi \in \left(1, \frac{6}{5}\right)$$

e quindi

$$\left| R_2\left(\frac{6}{5}\right) \right| = \left| \frac{1}{375 \cdot \xi} \right| = \frac{1}{375 \cdot \xi} < \frac{1}{375}.$$

Conclusione:

– *l'errore commesso è minore di* $\frac{1}{375}$.

Esempio 2.9 *Data la funzione*

$$f : y = f(x) = \sin^2 x + \cos x \quad , \quad x \in A = (-\infty, +\infty)$$

e costruito il polinomio di McLaurin di ordine 2, trovare l'intervallo $(-\delta, \delta)$ *a cui deve appartenere* x *se vogliamo che l'errore che si commette calcolando le* $f(x)$ *con tale polinomio sia minore di* $\frac{1}{100}$.
Passiamo ai calcoli!

$$
\begin{aligned}
f(x) &= \sin^2 x + \cos x \\
f'(x) &= 2 \cdot \sin x \cdot \cos x - \sin x = \sin(2x) - \sin x \\
f''(x) &= 2 \cdot \cos(2x) - \cos x \\
f'''(x) &= -4 \cdot \sin(2x) + \sin x \\
f^{IV}(x) &= -8 \cos(2x) + \cos x
\end{aligned}
$$

da cui

$$P_2(x) = f(0) + \frac{f'(0)}{1!} \cdot x + \frac{f''(0)}{2!} \cdot x^2$$

e quindi

$$P_2(x) = 1 + \frac{1}{2} \cdot x^2.$$

Tenendo conto che f *è pari, per la (2.11) si ha:*

$$f(x) = P_2(x) + R_3(x)$$

e quindi

$$R_3(x) = \frac{f^{IV}(\xi)}{4!} x^4 = \frac{-8\cos(2\xi) + \cos(\xi)}{4!} x^4.$$

L'errore è

$$|R_3(x)| = \left| \frac{-8 \cdot \cos(2\xi) + \cos\xi}{4!} \cdot x^4 \right| = \frac{|-8 \cdot \cos(2\xi) + \cos\xi|}{4!} \cdot |x|^4 \leq$$

$$\leq \frac{|-8\cos(2\xi)| + |\cos\xi|}{4!} \cdot |x|^4 \leq \frac{|-8 \cdot 1| + 1}{4!} \cdot |x|^4 = \frac{9}{4!} \cdot |x|^4 < \frac{1}{100}$$

e quindi

$$|x|^4 < \frac{4!}{9} \cdot \frac{1}{100} = \frac{2}{75}.$$

Si ha allora

$$|x| < \sqrt[4]{\frac{2}{75}}.$$

Conclusione:

– *l'intervallo è* $\left(-\sqrt[4]{\frac{2}{75}}, \sqrt[4]{\frac{2}{75}} \right).$

In sostanza nei tre esempi esaminati il problema è stato quello di risolvere la disequazione

$$\left| \frac{f^{(n+1)}(\xi)}{(n+1)!} \cdot (x - x_0)^{n+1} \right| < K$$

dopo aver fissato due delle tre incognite x, n, e K.

Nell'*esempio 2.7* infatti abbiamo fissato $x = 1$ e $K = \frac{1}{1000}$ ed abbiamo ricavato n.

Nell'*esempio 2.8*, $x = \frac{6}{5}$ e $n = 2$ ed abbiamo valutato K.

Nell'*esempio 2.9*, $n = 2$ e $K = \frac{1}{100}$ ed abbiamo trovato l'intervallo $(-\delta, \delta)$ in cui il polinomio P_2 approssima la f.

Ora che abbiamo toccato con mano l'enorme utilità della formula di Taylor, affrontiamo il problema rimasto sospeso alla fine del paragrafo 2.4, vediamo cioè se è possibile costruire polinomi di Taylor a partire da polinomi (di Taylor) già noti.

Tale problema è sensato perché il fatto che esista un solo polinomio che goda delle proprietà α'), β'), γ') enunciate sempre nel paragrafo 2.1 assicura che il polinomio di Taylor di ordine n e di punto iniziale x_0 di una data funzione è unico e quindi indipendente dal procedimento seguito per trovarlo.

Ogni procedimento di calcolo indiretto dei polinomi di Taylor si basa su alcuni teoremi.

Enunciamoli, per brevità, senza dimostrarli!

2.6   Teoremi su cui si fonda il calcolo indiretto dei polinomi di Taylor

Teorema 2.1 *Il polinomio di Taylor di* ordine n *e di* punto iniziale x_0 *della funzione* $f_1 + f_2$ *può essere ottenuto* sommando *i polinomi di Taylor di ordine* n *e di* punto iniziale x_0 *delle funzioni* f_1 *e* f_2.

Teorema 2.2 *Il polinomio di Taylor di* ordine n *e di* punto iniziale x_0 *della funzione* $c \cdot f$ *(con* $c \in \mathbb{R} - \{0\}$*) può essere ottenuto* moltiplicando *per* c *tutti i termini del polinomio di Taylor di* ordine n *e di* punto iniziale x_0 *della funzione* f.

Teorema 2.3 *Il polinomio di Taylor di* ordine n *e di* punto iniziale x_0 *della funzione* $f_1 \cdot f_2$ *può essere ottenuto* moltiplicando *i polinomi di Taylor di ordine* n *e di* punto iniziale x_0 *delle funzioni* f_1 *e* f_2 *ed eliminando nel prodotto i termini di grado superiore a* n.

Teorema 2.4 *Il polinomio di Taylor di ordine n e di punto iniziale x_0 della funzione $\frac{f_1}{f_2}$ può essere ottenuto dividendo i polinomi di Taylor di ordine n e di punto iniziale x_0 delle funzioni f_1 e f_2 con l'accorgimento di effettuare la divisione ordinando i polinomi di f_1 e di f_2 secondo le potenze crescenti ed arrestando la divisione quando nel quoziente compare il primo termine di grado superiore a n.*

Teorema 2.5 *Se f_1 e f_2 sono due funzioni tali che:*

1. *si può costruire la funzione composta $f_2 \circ f_1$, cioè*

$$f_1 : u = f_1(x) \quad , \quad x \in A$$
$$f_2 : y = f_2(u) \quad , \quad u \in f_1(A)$$

2. *$0 \in A$ e $f_1(0) = 0$*

allora

detti P_n^1 e P_n^2 i polinomi di McLaurin di ordine n di f_1 e f_2, il polinomio di McLaurin di ordine n di $f_2 \circ f_1$ si ottiene costruendo il polinomio $(P_n^2 \circ P_n^1)(x) = P_n^2[P_n^1(x)]$ ed eliminando i termini di grado superiore a n.

Teorema 2.6 *Il polinomio di Taylor P_n di ordine n e di punto iniziale x_0 di una data funzione f si può ottenere cosí:*

1. *si costruisce il polinomio di Taylor P_{n-1} di ordine $n-1$ e di punto iniziale x_0 di f'*

2. *si calcola $\int P_{n-1}(x)\,dx$ che è un polinomio di ordine n cioè del tipo*

$$P_n(x) = \alpha_0 \cdot x^n + \alpha_1 \cdot x^{n-1} + \alpha_2 \cdot x^{n-2} + \cdots + \alpha^{n-1} \cdot x + c$$

3. *si determina c in modo che risulti: $P_n(x_0) = f(x_0)$*

Il polinomio $P_n(x)$ con il valore di c calcolato in questo modo è il polinomio richiesto.

Per poter utilizzare i teoremi elencati, occorre predisporre di un "archivio" di *polinomi di Taylor* conosciuti, di cui potersi di volta in volta servire.

Finora nel nostro "archivio" ci sono i cinque polinomi di Taylor (anzi di McLaurin) che compaiono nelle *formule di McLaurin* costruite nel paragrafo 2.3.

Facendo esercizi lo Studente potrà arricchirlo!

Per comodità, raggruppiamo intanto nella seguente tabella le formule di Taylor che abbiamo costruito:

$$e^x = 1 + \frac{1}{1!} \cdot x + \frac{1}{2!} \cdot x^2 + \cdots + \frac{1}{n!} \cdot x^n + R_n(x)$$

$$(2.15)$$

$$\sin x = \frac{1}{1!} \cdot x - \frac{1}{3!} \cdot x^3 + \frac{1}{5!} \cdot x^5 + \cdots + \frac{(-1)^n}{(2n+1)!} \cdot x^{2n+1} + R_{2n+2}(x)$$

$$(2.16)$$

$$\cos x = 1 - \frac{1}{2!} \cdot x^2 + \frac{1}{4!} \cdot x^4 + \cdots + \frac{(-1)^n}{(2n)!} \cdot x^{2n} + R_{2n+1}(x)$$

$$(2.17)$$

$$\log(1 + x) = x - \frac{1}{2} \cdot x^2 + \frac{1}{3} \cdot x^3 - \frac{1}{4} \cdot x^4 + \cdots + \frac{(-1)^{n-1}}{n} \cdot x^n + R_n(x)$$

$$(2.18)$$

$$(1 + x)^\alpha = 1 + \frac{\alpha}{1!} \cdot x + \frac{\alpha \cdot (\alpha - 1)}{2!} \cdot x^2 + \cdots + \frac{\alpha \cdot (\alpha - 1) \cdot (\alpha - 2) \cdots (\alpha - n + 1)}{n!} \cdot x^n + R_n(x)$$

$$(2.19)$$

Per terminare vogliamo dare alcune *regole pratiche*, molto utili negli esercizi, relative all'uso degli infinitesimi.

Siano α, β due numeri positivi e λ un numero $\neq 0$, se

$$f(x) = o(x^\alpha) \quad e \quad g(x) = o(x^\beta) \quad \text{per} \quad x \to 0^+$$

allora:

I) $f(x) + g(x) = o(x^\alpha) + o(x^\beta) = o(x^\sigma)$ ove $\sigma = \min\{\alpha, \beta\}$

II) $x^\lambda \cdot g(x) = x^\lambda \cdot o(x^\beta) = o(x^{\lambda + \beta})$

III) $c \cdot g(x) = c \cdot o(x^\beta) = o(x^\beta), \quad \forall c \in \mathbb{R} - \{0\}$

IV) $f(x) \cdot g(x) = o(x^\alpha) \cdot o(x^\beta) = o(x^{\alpha+\beta})$

V) $h(x) = o(o(x^\lambda)) = o(x^\lambda)$

Augurandoci, con quanto abbiamo detto, di aver reso l'idea dell'importanza della formula di Taylor, passiamo agli esercizi!

Esercizi sugli argomenti trattati nel Capitolo 2

Sulla costruzione dei polinomi di Taylor

Esercizio 2.1 *Costruire il polinomio di McLaurin $P_3(x)$ di ciascuna delle seguenti funzioni:*

$a)$ $\quad f : y = f(x) = e^x + \ln(1+x) \qquad , x \in A = (-1, +\infty)$

$b)$ $\quad f : y = f(x) = e^x + \sin x \qquad , x \in A = (-\infty, +\infty)$

$c)$ $\quad f : y = f(x) = \sin x + \cos x \qquad , x \in A = (-\infty, +\infty)$

$d)$ $\quad f : y = f(x) = \sqrt{1+x} + \sqrt[3]{1+x} \quad , x \in A = (-1, +\infty)$

Esercizio 2.2 *Costruire il polinomio di McLaurin $P_3(x)$ di ciascuna delle seguenti funzioni:*

$a)$ $\quad f : y = f(x) = e^x \cdot \ln(1+x) \qquad , x \in A = (-1, +\infty)$

$b)$ $\quad f : y = f(x) = e^x \cdot \sin x \qquad , x \in A = (-\infty, +\infty)$

$c)$ $\quad f : y = f(x) = \sin x \cdot \cos x \qquad , x \in A = (-\infty, +\infty)$

$d)$ $\quad f : y = f(x) = \sqrt{1+x} \cdot \sqrt[3]{1+x} \quad , x \in A = (-1, +\infty)$

Esercizio 2.3 *Costruire il polinomio di McLaurin* $P_4(x)$ *di ciascuna delle seguenti funzioni:*

a) $\ f : y = f(x) = \frac{1-x}{1+x} \quad , x \in A = (-1, +\infty)$

b) $\ f : y = f(x) = \tan x \quad , x \in A = (-\frac{\pi}{2}, +\frac{\pi}{2})$

c) $\ f : y = f(x) = \frac{\ln(1+x)}{x^2+1} \quad , x \in A = (-1, +\infty)$

Esercizio 2.4 *Costruire il polinomio di McLaurin* $P_5(x)$ *di ciascuna delle seguenti funzioni:*

a) $\ f : y = f(x) = e^{-x} \quad , x \in A = (-\infty, +\infty)$

b) $\ f : y = f(x) = e^{x^2} \quad , x \in A = (-\infty, +\infty)$

c) $\ f : y = f(x) = \frac{1}{1-x} \quad , x \in A = (1, +\infty)$

d) $\ f : y = f(x) = \frac{1}{1-x^2} \quad , x \in A = (-1, 1)$

e) $\ f : y = f(x) = \frac{1}{1+x^2} \quad , x \in A = (-\infty, +\infty)$

Esercizio 2.5 *Costruire il polinomio di McLaurin* $P_5(x)$ *della funzione*

$$f : y = f(x) = \arctan x \quad , x \in A = (-\infty, +\infty)$$

Esercizio 2.6 *Costruire il polinomio di McLaurin* $P_4(x)$ *della funzione*

$$f : y = f(x) = \ln(1 + x) \quad , x \in A = (-1, +\infty)$$

partendo dal polinomio di McLaurin di ordine 3 della funzione derivata.

Esercizio 2.7 *Costruire le formule di McLaurin delle funzioni:*

$a)$ $\quad f : y = f(x) = \sinh x \quad , x \in A = (-\infty, +\infty)$

$b)$ $\quad f : y = f(x) = \cosh x \quad , x \in A = (-\infty, +\infty)$

A titolo di esempio, risolviamo gli esercizi *2.1a, 2.1c, 2.1d, 2.2a, 2.3, 2.4a, 2.4b, 2.4e* e *2.5.*

Esercizio 2.1
a) La funzione $f : y = f(x) = e^x + \ln(1+x) \quad , x \in A = (-1, +\infty)$
può essere riguardata come *funzione somma* delle due funzioni

$$f_1 : y = f_1(x) = e^x \qquad , x \in A = (-1, +\infty)$$

$$f_2 : y = f_2(x) = \ln(1+x) \quad , x \in A = (-1, +\infty)$$

Poiché dalla (2.15) e dalla (2.18) sappiamo che i loro polinomi di McLaurin di ordine 3 sono rispettivamente:

$$P_3^1(x) = 1 + \tfrac{1}{1!} \cdot x + \tfrac{1}{2!} \cdot x^2 + \tfrac{1}{3!} \cdot x^3$$

e

$$P_3^2(x) = x - \tfrac{1}{2}x^2 + \tfrac{1}{3}x^3 \quad ,$$

per il *Teorema 2.1* concludiamo che il Polinomio di McLaurin $P_3(x)$ della funzione f è:

$$
\begin{aligned}
P_3(x) &= \left(1 + \frac{1}{1!} \cdot x + \frac{1}{2!} \cdot x^2 + \frac{1}{3!} \cdot x^3\right) + \left(x - \frac{1}{2} \cdot x^2 + \frac{1}{3} \cdot x^3\right) = \\
&= 1 + 2 \cdot x + \frac{1}{2} \cdot x^3
\end{aligned}
$$

c) La funzione $f : y = f(x) = \sin x + \cos x \quad , \quad x \in A = (-\infty, +\infty)$
può essere riguardata come *funzione somma* delle due funzioni

$$f_1 : y = f_1(x) = \sin x \quad , x \in A = (-\infty, +\infty)$$

$$f_2 : y = f_2(x) = \cos x \quad , x \in A = (-\infty, +\infty)$$

Poiché dalla (2.16) e dalla (2.17) sappiamo che i loro polinomi di McLaurin di ordine 3 sono rispettivamente:

$$P_3^1(x) = \frac{1}{1!} \cdot x - \frac{1}{3!} \cdot x^3$$

e

$$P_3^2(x) = 1 - \frac{1}{2!} \cdot x^2 \quad,$$

per il *Teorema 2.1* concludiamo che il polinomio di McLaurin $P_3(x)$ della funzione f è:

$$P_3(x) = P_3^1(x) + P_3^2(x) = \left(\frac{1}{1!} \cdot x - \frac{1}{3!} \cdot x^3\right) + \left(1 - \frac{1}{2!} \cdot x^2\right) = 1 + x - \frac{1}{2}x^2 - \frac{1}{6}x^3.$$

d) La funzione $f : y = f(x) = \sqrt{1+x} + \sqrt[3]{1+x}$, $x \in A = (-1, +\infty)$ può essere riguardata come *funzione somma* delle due funzioni

$$f_1 : y = f_1(x) = \sqrt{1+x} = (1+x)^{\frac{1}{2}} \quad, x \in A = (-1, +\infty)$$

$$f_2 : y = f_2(x) = \sqrt[3]{1+x} = (1+x)^{\frac{1}{3}} \quad, x \in A = (-1, +\infty)$$

Poiché dalla (2.19) sappiamo che i loro polinomi di McLaurin di ordine 3 sono rispettivamente:

$$P_3^1(x) = 1 + \frac{1}{2} \cdot x + \frac{\frac{1}{2} \cdot (\frac{1}{2} - 1)}{2!} \cdot x^2 + \frac{\frac{1}{2}(\frac{1}{2} - 1) \cdot (\frac{1}{2} - 2)}{3!} \cdot x^3 = 1 + \frac{1}{2}x - \frac{1}{8}x^2 + \frac{1}{16}x^3$$

e

$$P_3^2(x) = 1 + \frac{1}{3} \cdot x + \frac{\frac{1}{3} \cdot (\frac{1}{3} - 1)}{2!} \cdot x^2 + \frac{\frac{1}{3}(\frac{1}{3} - 1) \cdot (\frac{1}{3} - 2)}{3!} \cdot x^3 = 1 + \frac{1}{3}x - \frac{1}{9}x^2 + \frac{5}{81}x^3$$

per il *Teorema 2.1* concludiamo che il polinomio di McLaurin $P_3(x)$ della funzione f è:

$$P_3(x) = P_3^1(x) + P_3^2(x) = \left(1 + \frac{1}{2}x - \frac{1}{8}x^2 + \frac{1}{16}x^3\right) + \left(1 + \frac{1}{3}x - \frac{1}{9}x^2 + \frac{5}{81}x^3\right)$$

$$= 2 + \frac{5}{6}x - \frac{17}{72}x^2 + \frac{161}{1296}x^3$$

Esercizio 2.2

a) La funzione $f : y = f(x) = e^x \cdot \ln(1+x)$, $x \in A = (-1, +\infty)$
può essere riguardata come *funzione prodotto* delle due funzioni

$$f_1 : y = f_1(x) = e^x \qquad , x \in A = (-1, +\infty)$$

$$f_2 : y = f_2(x) = \ln(1+x) \quad , x \in A = (-1, +\infty)$$

Poiché dalle (2.15) e (2.18) sappiamo che i loro polinomi di McLaurin di ordine 3 sono rispettivamente:

$$P_3^1(x) = 1 + \frac{1}{1!} \cdot x + \frac{1}{2!} \cdot x^2 + \frac{1}{3!} \cdot x^3$$

e

$$P_3^2(x) = x - \frac{1}{2} \cdot x^2 + \frac{1}{3} \cdot x^3$$

per il *teorema 2.3* concludiamo che il polinomio di McLaurin $P_3(x)$ della funzione f si ottiene dal polinomio $P_3^1(x) \cdot P_3^2(x)$ eliminando i termini di grado superiore a 3.

Facendo i calcoli si ottiene:

$$P_3(x) = x + \frac{1}{2} \cdot x^2 + \frac{1}{3} \cdot x^3.$$

Esercizio 2.3

a) La funzione $f : y = f(x) = \frac{1-x}{1+x}$, $x \in (-1, +\infty)$ può essere riguardata come *funzione quoziente* delle due funzioni

$$f_1 : y = f_1(x) = 1 - x \quad , x \in A = (-1, +\infty)$$

$$f_2 : y = f_2(x) = 1 + x \quad , x \in A = (-1, +\infty)$$

Poiché, per quanto abbiamo detto nel paragrafo 2.2 sulle funzioni polinomiali, risulta che i loro polinomi di McLaurin di ordine 4 sono rispettivamente:

$$P_4^1(x) = 1 - x$$

e

$$P_4^2(x) = 1 + x$$

163

per il *teorema 2.4* concludiamo che il polinomio di McLaurin $P_4(x)$ della funzione f è:

$$P_4(x) = 1 - 2x + 2x^2 - 2x^3 + 2x^4.$$

Esercizio 2.4

a) La funzione $f : y = f(x) = e^{-x}$, $x \in A = (-\infty, +\infty)$ può essere riguardata come *funzione composta* dalle due funzioni

$$f_1 : u = f_1(x) = -x \quad , x \in A = (-\infty, +\infty)$$

$$f_2 : y = f_2(u) = e^u \quad , x \in f_1(A)$$

Poiché, da quanto detto nel paragrafo 2.2 e dalla (2.15), sappiamo che i loro polinomi di McLaurin di ordine 5 sono rispettivamente:

$$P_5^1(x) = -x$$

e

$$P_5^2(u) = 1 + \frac{1}{1!} \cdot u + \frac{1}{2!} \cdot u^2 + \frac{1}{3!} \cdot u^3 + \frac{1}{4!} \cdot u^4 + \frac{1}{5} \cdot u^5$$

per il *teorema 2.5* concludiamo che il polinomio di McLaurin $P_5(x)$ della funzione f si ottiene dal polinomio $(P_5^2 \circ P_5^1)(x) = P_5^2[P_5^1(x)]$ eliminando i termini di grado superiore a 5.

Facendo i calcoli si ottiene:

$$\begin{aligned}(P_5^2 \circ P_5^1)(x) &= 1 + \frac{1}{1!} \cdot (-x) + \frac{1}{2!} \cdot (-x)^2 + \frac{1}{3!} \cdot (-x)^3 + \frac{1}{4!} \cdot (-x)^4 + \\ &+ \frac{1}{5!} \cdot (-x)^5 = 1 - x + \frac{1}{2!} \cdot x^2 - \frac{1}{3!} \cdot x^3 + \frac{1}{4!} \cdot x^4 - \frac{1}{5!} \cdot x^5 = \\ &= P_5(x)\end{aligned}$$

b) La funzione $f : y = f(x) = e^{x^2}$, $x \in A = (-\infty, +\infty)$ può essere riguardata come *funzione composta* delle due funzioni

$$f_1 : u = f_1(x) = x^2 \quad , x \in A = (-\infty, +\infty)$$

$$f_2 : y = f_2(u) = e^u \quad , x \in f_1(A)$$

Poiché, da quanto detto nel paragrafo 2.2 e dalla (2.15), sappiamo che i loro polinomi di McLaurin di ordine 5 sono rispettivamente:

$$P_5^1(x) = x^2$$

e

$$P_5^2(u) = 1 + \frac{1}{1!} \cdot u + \frac{1}{2!} \cdot u^2 + \frac{1}{3!} \cdot u^3 + \frac{1}{4!} \cdot u^4 + \frac{1}{5} \cdot u^5$$

per il *teorema 2.5* concludiamo che il polinomio di McLaurin $P_5(x)$ della funzione f si ottiene dal polinomio $(P_5^2 \circ P_5^1)(x) = P_5^2[P_5^1(x)]$ eliminando i termini di grado superiore a 5.

Facendo i calcoli si ottiene:

$$
\begin{aligned}
(P_5^2 \circ P_5^1)(x) &= 1 + \frac{1}{1!} \cdot x^2 + \frac{1}{2!} \cdot (x^2)^2 + \frac{1}{3!} \cdot (x^2)^3 + \frac{1}{4!} \cdot (x^2)^4 + \\
&+ \frac{1}{5!} \cdot (x^2)^5 = 1 + x^2 + \frac{1}{2!} \cdot x^4 - \frac{1}{3!} \cdot x^6 + \frac{1}{4!} \cdot x^8 - \frac{1}{5!} \cdot x^{10}
\end{aligned}
$$

quindi si ha

$$P_5(x) = 1 + x^2 + \frac{1}{2!} \cdot x^4$$

e) La funzione $f : y = f(x) = \frac{1}{1+x^2}$, $x \in A = (-\infty, +\infty)$ può essere riguardata come *funzione composta* dalle due funzioni

$$f_1 : u = f_1(x) = x^2 \qquad , x \in A = (-\infty, +\infty)$$

e

$$f_2 : y = f_2(u) = \frac{1}{1+u} = (1+u)^{-1} \qquad , x \in f_1(A)$$

Poiché, da quanto detto nel paragrafo 2.2 e dalla (2.19), sappiamo che i loro polinomi di McLaurin di ordine 5 sono rispettivamente:

$$P_5^1(x) = x^2$$

e

$$P_5^2(u) = 1 - u + u^2 - u^3 + u^4 - u^5$$

per il *teorema 2.5* concludiamo che il polinomio di McLaurin $P_5(x)$ della funzione f si ottiene dal polinomio $(P_5^2 \circ P_5^1)(x) = P_5^2[P_5^1(x)]$ eliminando i termini di grado superiore a 5.

Facendo i calcoli si ottiene:

$$(P_5^2 \circ P_5^1)(x) = 1 - (x^2) + (x^2)^2 - (x^2)^3 + (x^2)^4 - (x^2)^5 = 1 - x^2 + x^4 - x^6 + x^8 - x^{10}$$

quindi si ha

$$P_5(x) = 1 - x^2 + x^4.$$

Questo esercizio si sarebbe potuto risolvere più rapidamente riguardando la funzione data come *funzione quoziente* delle funzioni

$$f_1 : u = f_1(x) = 1 \qquad , x \in A = (-\infty, +\infty)$$

e

$$f_2 : y = f_2(u) = 1 + x^2 \quad , x \in A = (-\infty, +\infty)$$

Essendo queste ultime funzioni polinomiali, da quanto detto nel paragrafo 2.2 segue che

$$P_5^1(x) = 1$$

e

$$P_5^2(x) = 1 + x^2$$

Il *teorema 2.4* poi ci permette di arrivare al risultato.

Esercizio 2.5
La funzione $f : y = f(x) = \arctan x$, $x \in A = (-\infty, +\infty)$ ha per derivata

$$f' : y = f(x) = \frac{1}{1 + x^2} \qquad , x \in A = (-\infty, +\infty)$$

Dall'esercizio *2.4e* sappiamo che il suo polinomio $P_5(x)$ di McLaurin di *ordine* 5 è:

$$P_5(x) = 1 - x^2 + x^4$$

Il *teorema 2.6* ci consente allora di concludere che il polinomio di McLaurin di *ordine* 6 è:

$$P_6(x) = x - \frac{1}{3} \cdot x^3 + \frac{1}{5} \cdot x^5 \quad .$$

166

Sull'uso dei polinomi di Taylor nell'operazione di limite

Esercizio 2.8 *Sia f una funzione derivabile di dominio $A = (-\infty, +\infty)$ tale che:*

a) $f(0) = 0$

b) $f'(x) = x \cdot f(x) + x^2$, $\forall x \in A$

effettuare l'operazione di limite $\quad \lim\limits_{x \to 0} \dfrac{f(x)}{\sin x - x}.$

Esercizio 2.9 *Sia f una funzione derivabile di dominio $A = (-\infty, +\infty)$. Sapendo che:*

a) $f(0) = 0$

b) $f'(0) = 2$

effettuare l'operazione di limite $\quad \lim\limits_{x \to 0} \dfrac{[f(x)]^2}{\sin(x^2)}.$

Esercizio 2.10 *Sia f una funzione di dominio $A = (-\infty, +\infty)$ e dotata di derivata terza. Sapendo che:*

$$f(0) = f'(0) = 0 \quad , \quad f''(0) = 3 \quad e \quad f'''(0) = 1$$

effettuare l'operazione di limite $\quad \lim\limits_{x \to 0} \dfrac{x \cdot f(x)}{(1 - \cos x) \cdot \ln(1 + 3x)}.$

Esercizio 2.11 *Utilizzando i polinomi di Taylor, verificare che le seguenti operazioni di limite sono state effettuate in modo corretto:*

167

a) $\displaystyle\lim_{x\to 0} \frac{x-\sin x}{e^x-1-x-\frac{x^2}{2}} = 1$

b) $\displaystyle\lim_{x\to 0} \frac{2\cdot(\tan x-\sin x)-x^3}{x^5} = \frac{31}{120}$

c) $\displaystyle\lim_{x\to 0} \left(\frac{1}{x^2} - \frac{\cotan x}{x}\right) = \frac{1}{3}$

d) $\displaystyle\lim_{x\to 0} \frac{e^x-e^{\sin x}}{\tan x-x} = \frac{1}{2}$

e) $\displaystyle\lim_{x\to 0} \frac{4\cdot\sin x-\sin(4x)}{\ln(1-x^3)} = -10$

f) $\displaystyle\lim_{x\to 0} \frac{\sinh x\cdot\cos x-x}{x^3} = -\frac{1}{3}$

g) $\displaystyle\lim_{x\to 0} \frac{\sin x-\arctan x}{x^2} = 0$

h) $\displaystyle\lim_{x\to 0} \frac{-\sin^2 x+2(1-\cos x)}{x^4} = \frac{1}{4}$

i) $\displaystyle\lim_{x\to 0} \frac{e^x+\sqrt{1-2x}-2}{\sin(x^3)} = -\frac{1}{3}$

A titolo di esempio, risolviamo gli esercizi *2.8* e *2.11a*.

Esercizio 2.8

Dobbiamo effettuare l'operazione di limite $\displaystyle\lim_{x\to 0} \frac{f(x)}{\sin x - x}$.

Siamo di fronte al caso di indecidibilità $\frac{0}{0}$.

Scriviamo la *formula di McLaurin* della funzione f.

Calcolo delle derivate nel punto $x_0 = 0$:

a) $f(0) = 0$

b) $f'(0) = 0$

Poiché $f''(x) = f(x) + x \cdot f'(x) + 2x$, si ha $f''(0) = 0$.
Poiché $f'''(x) = f'(x) + 1 \cdot f'(x) + x \cdot f''(x) + 2$, si ha $f'''(0) = 2$.
Possiamo allora scrivere:

$$f(x) = \frac{2}{3!} \cdot x^3 + o(x^3) = \frac{1}{3} \cdot x^3 + o(x^3) \qquad (2.25)$$

Scriviamo ora la *formula di McLaurin* della funzione g che compare al denominatore.
Poiché è $g(x) = \sin x - x$, tenendo conto della (2.16), si ha:

$$g(x) = \left(x - \frac{1}{3!} \cdot x^3 + o(x^4)\right) - x = -\frac{1}{3!} \cdot x^3 + o(x^4) \qquad (2.26)$$

Servendoci delle rappresentazioni (2.25) e (2.26) di f e g, possiamo scrivere:

$$\lim_{x \to 0} \frac{f(x)}{\sin x - x} = \lim_{x \to 0} \frac{\frac{1}{3} \cdot x^3 + o(x^3)}{-\frac{1}{3!} \cdot x^3 + o(x^4)} = \lim_{x \to 0} \frac{\frac{1}{3} \cdot x^3}{-\frac{1}{3!} \cdot x^3} = \lim_{x \to 0}(-2) = -2$$

Esercizio 2.11a

Dobbiamo effettuare l'operazione di limite $\lim\limits_{x \to 0} \dfrac{x - \sin x}{e^x - 1 - x - \frac{x^2}{2}}$.

Siamo di fronte al caso di indecidibilità $\frac{0}{0}$.
La funzione f, che compare al numeratore, tenendo conto della (2.16), può essere scritta cosí:

$$f(x) = x - \sin x = x - \left(x - \frac{1}{3!} \cdot x^3 + o(x^4)\right) = \frac{1}{3!} \cdot x^3 + o(x^4) \qquad (2.27)$$

La funzione g, che compare al denominatore, tenendo conto della (2.15), può essere scritta cosí:

$$g(x) = e^x - 1 - x - \frac{x^2}{2} = \left(1 + x + \frac{1}{2!} \cdot x^2 + \frac{1}{3!} \cdot x^3 + o(x^3)\right) - 1 - x - \frac{x^2}{2} =$$
$$= \frac{1}{3!} \cdot x^3 + o(x^3) \qquad (2.28)$$

Servendoci delle rappresentazioni (2.27) e (2.28) di f e g, possiamo scrivere:

$$\lim_{x \to 0} \frac{x - \sin x}{e^x - 1 - x - \frac{x^2}{2}} = \lim_{x \to 0} \frac{\frac{1}{3!} \cdot x^3 + o(x^4)}{\frac{1}{3!} \cdot x^3 + o(x^3)} = \lim_{x \to 0} \frac{\frac{1}{3!} x^3}{\frac{1}{3!} x^3} = \lim_{x \to 0} 1 = 1$$

Altri usi della formula di Taylor

Esercizio 2.12 *Sia* f *una funzione di dominio* $A = (-\infty, +\infty)$ *dotata di derivata seconda continua. Dire se le seguenti condizioni:*

$$f(1) = 5 \quad , \quad f(2) = 2 \quad , \quad f'(1) = 1 \quad , \quad f''(x) \le 3 \qquad \forall x \in A$$

sono compatibili.

Esercizio 2.13 *Servendoci della formula di McLaurin, dimostrare che:*

    a) $\quad \sin x > x - \frac{x^3}{6} \quad , \quad \forall x \in (0, 1)$

    b) $\quad \sqrt{1+x} \le 1 + \frac{1}{2} \cdot x - \frac{1}{8} \cdot x^2 + \frac{1}{16} \cdot x^3 \quad , \quad \forall x \in (-1, 1)$

    c) $\quad (x^2 + 1) \cdot e^{2x} \ge 2 \cdot x + 3 \cdot x^2 + \frac{10}{3} \cdot x^3$

Esercizio 2.14 *Calcolare* $\sqrt{e}$, $\frac{1}{\sqrt{e}}$, $\ln 5$ *e* $\cos 1$ *con due cifre decimali esatte.*

A titolo di esempio risolviamo l'esercizio *2.13a*.
Gli esercizi 2.14 vanno risolti sulla falsa riga dell'esempio 2.7.

Esercizio 2.13a
Il secondo membro della disuguaglianza non è altro che il *polinomio di McLaurin* di *ordine* 3 della funzione seno.
Se scriviamo la formula di McLaurin di ordine 3 con il *resto di Lagrange* si ha:

$$\sin x = x - \frac{1}{6} \cdot x^3 + \frac{\cos \xi}{5!} \cdot x^5.$$

Poiché $\xi \in (0, 1)$ si ha $\frac{\cos \xi}{5!} \cdot x^5 > 0$ e quindi la disuguaglianza è provata.

Risposte agli esercizi del Capitolo2

Sulla costruzione dei polinomi di McLaurin

Risposta 2.1

b) $P_3(x) = 1 + 2 \cdot x + \frac{1}{2} \cdot x^2$

Risposta 2.2

b) $P_3(x) = x + x^2 + \frac{1}{3} \cdot x^3$

c) $P_3(x) = x - \frac{2}{3} \cdot x^3$

d) $P_3(x) = 1 + \frac{5}{6} \cdot x - \frac{5}{72} \cdot x^2 + \frac{35}{1296} \cdot x^3$

Risposta 2.3

b) $P_4(x) = x + \frac{1}{3} \cdot x^3$

c) $P_4(x) = x - \frac{1}{2} \cdot x^2 - \frac{2}{3} \cdot x^3 + \frac{1}{4} \cdot x^4$

Risposta 2.4

c) $P_5(x) = 1 + x + x^2 + x^3 + x^4 + x^5$

d) $P_5(x) = 1 + x^2 + x^4$

Risposta 2.7

a) $\sinh x = x + \frac{1}{3!} \cdot x^3 + \frac{1}{5!} \cdot x^5 + \cdots + \frac{1}{(2n+1)!} \cdot x^{2n+1} + R_{2n+2}(x)$

b) $\cosh x = 1 + \frac{1}{2!} \cdot x^2 + \frac{1}{4!} \cdot x^4 \cdots + \frac{1}{(2n)!} \cdot x^{2n} + R_{2n+1}(x)$

Sull'uso dei polinomi di Taylor nell'operazione di limite

Risposta 2.9

$l=4$

Risposta 2.10

$l=1$

Risposta 2.11

b) $l = \frac{31}{120}$

c) $l = -\frac{1}{3}$

d) $l = 0$

e) $l = \frac{1}{4}$

f) $l = -\frac{1}{3}$

g) $l = 0$

h) $l = \frac{1}{4}$

i) $l = -\frac{1}{3}$

Altri usi della formula di Taylor

Risposta 2.12

Sì

Risposta 2.14

$$\sqrt{e} \simeq 1.65$$

$$\frac{1}{\sqrt{e}} \simeq 0.60$$

$$\ln 5 \simeq 1.60$$

$$\cos 1 \simeq 0.54$$